Martin Rieger

# Anreicherungs- und Detektionsmethoden umweltrelevanter Analyten

Martin Rieger

# Anreicherungs- und Detektionsmethoden umweltrelevanter Analyten

Viren in Trinkwasser; adsorbiertes Benzo[a]pyren

**Südwestdeutscher Verlag für Hochschulschriften**

**Impressum/Imprint (nur für Deutschland/only for Germany)**
Bibliografische Information der Deutschen Nationalbibliothek: Die Deutsche Nationalbibliothek verzeichnet diese Publikation in der Deutschen Nationalbibliografie; detaillierte bibliografische Daten sind im Internet über http://dnb.d-nb.de abrufbar.

Alle in diesem Buch genannten Marken und Produktnamen unterliegen warenzeichen-, marken- oder patentrechtlichem Schutz bzw. sind Warenzeichen oder eingetragene Warenzeichen der jeweiligen Inhaber. Die Wiedergabe von Marken, Produktnamen, Gebrauchsnamen, Handelsnamen, Warenbezeichnungen u.s.w. in diesem Werk berechtigt auch ohne besondere Kennzeichnung nicht zu der Annahme, dass solche Namen im Sinne der Warenzeichen- und Markenschutzgesetzgebung als frei zu betrachten wären und daher von jedermann benutzt werden dürften.

Coverbild: www.ingimage.com

Verlag: Südwestdeutscher Verlag für Hochschulschriften GmbH & Co. KG
Heinrich-Böcking-Str. 6-8, 66121 Saarbrücken, Deutschland
Telefon +49 681 37 20 271-1, Telefax +49 681 37 20 271-0
Email: info@svh-verlag.de

Zugl.: München, TU, Diss., 2012

Herstellung in Deutschland (siehe letzte Seite)
**ISBN: 978-3-8381-3372-0**

**Imprint (only for USA, GB)**
Bibliographic information published by the Deutsche Nationalbibliothek: The Deutsche Nationalbibliothek lists this publication in the Deutsche Nationalbibliografie; detailed bibliographic data are available in the Internet at http://dnb.d-nb.de.

Any brand names and product names mentioned in this book are subject to trademark, brand or patent protection and are trademarks or registered trademarks of their respective holders. The use of brand names, product names, common names, trade names, product descriptions etc. even without a particular marking in this works is in no way to be construed to mean that such names may be regarded as unrestricted in respect of trademark and brand protection legislation and could thus be used by anyone.

Cover image: www.ingimage.com

Publisher: Südwestdeutscher Verlag für Hochschulschriften GmbH & Co. KG
Heinrich-Böcking-Str. 6-8, 66121 Saarbrücken, Germany
Phone +49 681 37 20 271-1, Fax +49 681 37 20 271-0
Email: info@svh-verlag.de

Printed in the U.S.A.
Printed in the U.K. by (see last page)
**ISBN: 978-3-8381-3372-0**

Copyright © 2012 by the author and Südwestdeutscher Verlag für Hochschulschriften GmbH & Co. KG and licensors
All rights reserved. Saarbrücken 2012

# DANKSAGUNG

Diese Arbeit entstand in der Zeit vom Oktober 2008 bis Dezember 2011 am Lehrstuhl für Analytische Chemie der Technischen Universität München unter der Leitung von Herrn Univ.-Prof. Dr. Reinhard Nießner. Teile dieser Arbeit wurden durch folgende Projekte gefördert:

BMBF: „Pathogenscan" (WO02WU1142)
DFG: „Pathogenic viruses in water – detection, transport and elimination" (SE 1722/2-1)
DFG: „Biogeochemical interfaces in soil" (Ba 1592-5/1)

Ein besonderer Dank geht an Hr. Prof. Dr. Reinhard Nießner. Er hat mir ermöglicht, nach meiner Masterarbeit auch meine Doktorarbeit am Lehrstuhl für Analytische Chemie durchzuführen. Dabei möchte ich ihm besonders für das hochinteressante Thema, das Vertrauen in meine Arbeit und die zusätzlichen Förderungen, wie Tagungsbesuche, Vorträge und Präsentationen hochkarätiger Gastwissenschaftler danken. Ebenso möchte ich mich ganz herzlich im Namen meiner Familie für das Ermöglichen meiner 2-monatigen Elternzeit bedanken. Dies alles hat maßgeblich zum guten Gelingen dieser Doktorarbeit beigetragen.

Darüber hinaus möchte ich auch Herrn Dr. Michael Seidel, meinem Arbeitsgruppenleiter, für die Betreuung während meiner Promotion besonders danken. Die wertvollen Diskussionen und anregenden Gespräche sowie die angenehme und kollegiale Atmosphäre in dieser Arbeitsgruppe haben sehr geholfen.

Herrn PD Dr. Thomas Baumann gilt ebenso ein besonderer Dank für die Betreuung eines Teilprojektes meiner Doktorarbeit. Ihm möchte ich für die äußerst freundlichen und fachlich sehr wichtigen Gespräche und Diskussionen danken, die für die erfolgreiche Bearbeitung des Projektes sehr hilfreich waren.

Ein weiterer Dank geht an alle Arbeitskollegen des Institutes. Den ehemaligen Mitarbeitern Caroline Peskoller für die Einarbeitung auf dem Gebiet der Crossflow-Filtration, Gerhard Pappert für die angenehme und erfolgreiche Zusammenarbeit auf dem Gebiet der immunomagnetischen Separation, Xaver Karsunke für die erfolgreiche Zusammenarbeit auf dem Gebiet Antikörperscreening sowie Simon Donhauser, Dr. Kathrin Kloth, Dr. Matteo Carrara, Dr. Markus Knauer und Dr. Christian Cervino. Für jeweils eineinhalb sehr nette Jahre Labornachbarschaft möchte ich Sandra Prell und Gabi Hörnig danken. Sonja Ott, Veronika Langer, Lu Pei und nochmals Sandra Prell möchte ich für die Zusammenarbeit bei Anreicherungsversuchen von Viren und Bakterien danken. Den anderen Mitarbeitern der Arbeitsgruppe, Agathe Szkola, Klaus Wutz, allen anderen Mitarbeitern des Instituts, Johannes Schmid, Jan Wolf, Susanna Oswald, Susanne Huckele, Christina Mayr, Christian Metz, Maria Knauer, Xiang Jiang Liu, Dr. Natalia Ivleva, Prof. Dr. Christoph Haisch, apl. Prof. Dr. Dietmar Knopp, Christine Sternkopf, Susanne Mahler sowie allen hier nicht namentlich erwähnten Mitarbeiterinnen und Mitarbeitern des Instituts möchte ich für die wirklich sehr angenehme und kollegiale Arbeitsatmosphäre sowie die vielen kleinen Hilfen während meiner Promotion danken.

Außerdem möchte ich noch einen besonderen Dank an unsere Werkstatt richten. Danke an Sebastian Wiesemann und Roland Hoppe für die vielen Diskussionen und Arbeitsstunden, ohne die die Entwicklung der Anreicherungsanlage nicht möglich gewesen wäre.

Schließlich danke ich meiner Familie für die volle Unterstützung während dieser Arbeit. Zu wissen, dass es einen festen Halt gibt, und Menschen die einen lieben, ertüchtigt den Menschen zu Leistungen, die sonst nicht möglich wären.

Danke

# INHALTSVERZEICHNIS

**1 EINLEITUNG UND PROBLEMSTELLUNG ............... 6**

*1.1 Anreicherung von Viren aus großen Wasservolumina (30 m$^3$) mittels Crossflow-Ultrafiltration .............. 6*

*1.2 Visualisierung von Benzo[a]pyren in porösen Medien mittels Antikörper-gekoppelten superparamagnetischen Nanopartikeln ............ 8*

**2 THEORETISCHE GRUNDLAGEN ............... 11**

*2.1 Anreicherung von Viren aus großen Wasservolumina (30 m$^3$) mittels Crossflow-Ultrafiltration .............. 11*
    2.1.1 Viren im Trinkwasser ............... 11
    2.1.1 Bakteriophage MS2 als Modellvirus im Trinkwasser ............... 14
    2.1.2 Methoden zur Anreicherung von Viren ............... 15
    2.1.3 Methoden zur Detektion und Quantifizierung von Viren ............... 26

*2.2 Visualisierung von Benzo[a]pyren in porösen Medien mittels Antikörper-gekoppelten superparamagnetischen Nanopartikeln ............ 29*
    2.2.1 Benzo[a]pyren im Boden ............... 29
    2.2.2 3D-Visualisierungsmöglichkeiten ............... 31
    2.2.3 NMR-Relaxometrie ............... 34
    2.2.4 Magnetresonanztomographie (MRT) ............... 35
    2.2.5 Fe$_3$O$_4$-Nanopartikel als Kontrastmittel für MRT ............... 36

**3 ERGEBNISSE UND DISKUSSION ............... 40**

*3.1 Anreicherung von Viren aus großen Wasservolumina (30 m$^3$) mittels Crossflow-Ultrafiltration .............. 40*
    3.1.1 Aufbau der CUF-Anlage 1 ............... 41
    3.1.2 Charakterisierung der CUF-Anlage 1 ............... 43
    3.1.3 Aufbau der CUF-Anlage 2 ............... 46
    3.1.4 Charakterisierung der CUF-Anlage 2 ............... 47
    3.1.5 Charakterisierung der MAF ............... 51
    3.1.6 Anreicherung von 10-L-Proben mittels einer Kombination von CUF-Anlage 2 und MAF ............... 51
    3.1.7 Anreicherung von 30.000-L-Wasserproben mittels einer Kombination von CUF-Anlage 1, CUF-Anlage 2 und MAF ............... 56

*3.2 Visualisierung von Benzo[a]pyren in porösen Medien mittels Antikörper-gekoppelten superparamagnetischen Nanopartikeln (AkMNP) ............ 59*
    3.2.1 Herstellung und Charakterisierung der AkMNP ............... 59
    3.2.2 Charakterisierung von B[a]P-beschichtetem Silica-Gel ............... 66
    3.2.3 Säulenversuche mit Anti-B[a]P-Ak ............... 67
    3.2.4 NMR-Relaxometrie von Säulen ............... 69
    3.2.5 Magnetresonanztomographie von Säulen ............... 70

**4 ZUSAMMENFASUNG UND AUSBLICK ............... 75**

4.1 Anreicherung von Viren aus großen Wasservolumina (30 m³) mittels Crossflow-Ultrafiltration ............... 75
4.2 Visualisierung von Benzo[a]pyren in porösen Medien mittels Antikörper-gekoppelten superparamagnetischen Nanopartikeln ............... 78

# 5 EXPERIMENTELLER TEIL ............... 81
*5.1 Verwendete Geräte* ............... 81
*5.2 Verbrauchsmaterialien* ............... 83
*5.3 Chemikalien und Reagenzien* ............... 84
    5.3.1 Chemikalien ............... 84
    5.3.2 Bakterienstämme und Viren ............... 85
    5.3.3 Antikörper ............... 85
    5.3.4 Puffer und Lösungen ............... 85
*5.4 Standardprozeduren* ............... 87
    5.4.1 Anreicherung einer Wasserprobe mittels CUF-Anlage 1 ............... 87
    5.4.2 Permeabilitätsbestimmung der CUF-Membran ............... 89
    5.4.3 Anreicherung einer Wasserprobe mittels CUF-Anlage 2 ............... 89
    5.4.4 Biochemische Methoden ............... 90
    5.4.5 Nanopartikelsynthese ............... 92
    5.4.6 Nanopartikelcharakterisierung ............... 95
    5.4.7 Herstellung von B[a]P-beschichteten Silica-Gel ............... 97
    5.4.8 Charakterisierung von B[a]P-beschichteten Silica-Gel ............... 99
    5.4.9 Säulenversuche mit Anti-B[a]P Ak ............... 99
    5.4.10 NMR-Relaxometrie von Säulen ............... 100
    5.4.11 Magnetresonanztomographie von Säulen ............... 102

# 6 ABKÜRZUNGSVERZEICHNIS ............... 105

# 7 LITERATURVERZEICHNIS ............... 109

# TEIL I

# EINLEITUNG UND PROBLEMSTELLUNG

# 1 EINLEITUNG UND PROBLEMSTELLUNG

## 1.1 Anreicherung von Viren aus großen Wasservolumina (30 $m^3$) mittels Crossflow-Ultrafiltration

Im Juli 2010 verabschiedete die Generalversammlung der Vereinten Nationen eine Resolution, die sicheres und sauberes Trinkwasser als ein Menschenrecht deklarierte, welches unabdingbar für den vollen Genuss des Lebens und aller anderen Menschenrechte ist (1). Neben Pestiziden, Pharmazeutika und Toxinen zählen pathogene Mikroorganismen und Viren zu den gefährlichsten Wasserkontaminanten. Auslöser mikrobieller Verunreinigungen sind meist Bakterien (z.b. *Escherichia coli*, Legionellen. *Pseudomonas aeruginosa*, Salmonellen), Protozoen (z.b. Cryptosporidien, Giardien) und Viren (z.b. Enteroviren wie Poliovirus, Coxsackie-Virus A und B, Echovirus, Norwalk- oder Norwalk-ähnliche Viren, Rotaviren, Hepatitis E und A Viren sowie Adenoviren).

Um Krankheitsausbrüche, verursacht durch pathogene Viren zu vermeiden, ist ein System zur Risikoanalyse von Trinkwasser notwendig. Die Detektion von Viren ist viel komplexer als die von Bakterien, da viele Viren nicht, oder wenn, nur unter hohem Zeitaufwand kultivierbar sind. Darüber hinaus kommen Viren im Wasser in sehr geringen Konzentrationen vor und sind dabei zum Teil deutlich infektiöser als Bakterien. So liegt z.B. die Wahrscheinlichkeit einer Infektion eines gesunden Menschen aufgrund der Aufnahme eines einzigen Rotavirus bei 31% (2). Aufgrund dieses hohen Infektionsrisikos und einer quantitativen mikrobiologischen Risikoanalyse schlägt die Weltgesundheitsorganisation (3) vor, dass typischerweise weniger als ein Virus in $10^4 - 10^5$ L Wasser vorhanden sein darf, um verlässlich und repräsentativ Wasser als sicher zu deklarieren. So haben Krauss und Griebler 2011 vorgeschlagen, große Wasservolumina (> 10 $m^3$) zu untersuchen (4). Bislang fehlen aber dementsprechende Anreicherungsmethoden, die solch große Volumina handhaben können und zudem mit modernen bioanalytischen Methoden, wie quantitative Reverse Transkiptase PCR (qRT-PCR) oder analytischen Mikroarrays gekoppelt werden können.

Zur Anreicherung von Mikroorganismen und Viren aus größeren Wasservolumina wird häufig Ultrafiltration verwendet. Mit Wasservolumina von 100 – 400 L liegen die bisher bekannten Methoden (5, 6) aber immer noch deutlich unter dem von der WHO geforderten Volumen von 10 – 30 $m^3$. Eine spezielle Methode der Ultrafiltration stellt die Crossflow-Ultrafiltration (CUF) dar. Dabei wird die zu filtrierende Probe tangential über die Membran gepumpt, was die Bildung eines Filterkuchens verhindert. Der Filtratfluss bleibt auch bei einer hohen Partikellast nahezu konstant und die anzureichernden Mikroorganismen und Viren bleiben suspendiert im Retentat, was eine höhere Wiederfindungsrate ermöglicht.

Im Rahmen eines von der Deutschen Forschungsgemeinschaft (DFG) geförderten Projektes sollte eine Methode zur Anreicherung von Viren aus 30.000 L Wasser entwickelt werden. Diese Herausforderung sollte mit Hilfe einer mehrstufigen Anreicherungsanlage gelöst werden. Das schematische Prinzip wird in Abbildung 1 verdeutlicht.

**Abbildung 1:** Schematisches Prinzip des zweistufigen CUF-Prozesses, kombiniert mit einer monolithischen Affinitätsfiltration, gefolgt von quantitativer Analyse mittels qRT-PCR oder Mikroarray.

Hierbei sollen Mikroorganismen und Viren aus 30.000 L Wasser mittels einer ersten CUF-Anlage (CUF 1) in 10 – 100 L angereichert werden. Dieses Eluat soll in einer zweiten kleineren CUF-Anlage (CUF 2) auf 100 mL und mit einer daran gekoppelten monolithischen Affinitätsfiltration (MAF) auf ein Endvolumen von 1 mL aufkonzentriert werden. Zudem sollten durch die Verwendung einer monolithischen Affinitätsfiltration störende Matrixbestandteile entfernt werden, wodurch eine Quantifizierung sowohl mit Zellkulturverfahren, als auch mit bioanalytischen Methoden, wie qRT-PCR oder DNA-Mikroarrays, ermöglicht wird. Es sollte gezeigt werden, dass die gewünschte Sensitivität für Viren, die zur Beurteilung von Trinkwasser nötig ist, mit Hilfe der genannten Methode erreicht werden kann.

Die vorliegende Dissertation bezog sich auf die Entwicklung der zweistufigen CUF-Anlage zur Anreicherung von Viren aus bis zu 30.000 L Leitungswasser. Diese sollte mittels des Modellvirus es MS2 charakterisiert werden und anschließend an Hand von Realproben verifiziert werden. Dabei sollte eine möglichst hohe Wiederfindung und hohe Reproduzierbarkeit erreicht werden. In Zusammenarbeit mit zwei weiteren Doktoranden sollte zudem die Möglichkeit gezeigt werden, die zwei CUF-Anlagen mit MAF zu kombinieren und eine Detektion mittels qRT-PCR und Mikroarray zu ermöglichen.

## 1.2 Visualisierung von Benzo[a]pyren in porösen Medien mittels Antikörper-gekoppelten superparamagnetischen Nanopartikeln

Benzo[a]pyren (B[a]P) ist ein Beispiel für eine große Gruppe von organischen Kontaminanten in Böden. B[a]P ist ein polyzyklischer aromatischer Kohlenwasserstoff (PAK), der aus fünf kondensierten aromatischen Ringen aufgebaut ist (Abbildung 2) und hauptsächlich durch unvollständige Verbrennung von organischem Material entsteht (7).

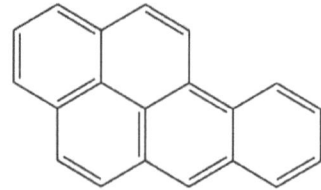

**Abbildung 2:** Chemische Struktur von Benzo[a]pyren.

PAKs werden über Luft weit verbreitet und sind daher ubiquitär in der Umwelt zu finden (8). PAKs binden gern an Huminstoffe im Oberboden, wo sie aufgrund ihrer geringen Wasserlöslichkeit von 3,8 µg/L (9) angereichert werden. Die hohe Stabilität sowie das hohe karzinogene und mutagene Potential erfordern ein ständiges Monitoring. Die durchschnittliche Hintergrundbelastung von B[a]P in städtischen Böden beträgt ca. 1 mg/kg. Jedoch konnten Kontaminationen von bis zu 100 mg/kg in der Nähe von Emissionsquellen gefunden werden (8). Deshalb hat das deutsche Bundesumweltministerium Grenzwerte für B[a]P in unterschiedlichen Böden erlassen (2 – 12 mg/kg Trockengewicht) (10).

Während die quantitative Analyse von PAKs in Böden Stand der Technik ist, besteht weiterhin ein großes Bedürfnis, Prozesse wie Dispersion, Akkumulation oder Abbau von PAKs in Böden zu verstehen. Diese Prozesse laufen an den biogeochemischen Grenzflächen (BGIs) ab. Deshalb ist es notwendig, räumliche und zeitliche Dynamiken an diesen Grenzflächen zu untersuchen. Magnetresonanztomographie (MRT) ist eine gute Methode, dynamische Prozesse in porösen Medien zu visualisieren und zu quantifizieren. MRT wurde bereits genutzt, um den Transport von Kolloiden (11, 12), Wasser (13) und Schwermetallen (14) in porösen Medien zu visualisieren. Außerdem wurden Fluss und Diffusion (15, 16) sowie die räumliche und zeitliche Veränderung von Adsorption und Remobilisierung von Schwermetallen gemessen (17). Olson et al. untersuchten die Chemotaxis von Bakterien in porösen Medien mit Hilfe von MRT, Säulenversuchen und immunomagnetisch markierten monoklonalen Antikörpern (mAk) gegen Bakterien (18).

Im Rahmen eines von der DFG geförderten Projektes sollten MRT-aktive superpara-magnetische Nanopartikel (NP) synthetisiert werden, an die mAks gegen B[a]P gekoppelt werden sollten, um B[a]P in porösen Medien mittels MRT zu visualisieren. Ein mögliches Material für superparamagnetische NP ist Eisenoxid. Eisenoxid-NP wurden bereits für zahlreiche Anwendungen synthetisiert und verwendet. Eine mögliche Anwendung ist der Einsatz von bakteriziden NP zur Bioverteidigung und gleichzeitiger Biomonitoring-Funktion (19). Des Weiteren zählen gezielte Pharmakotherapie (20), Hyperthermie (21), immuno-magnetische Separation von Zellen (22, 23), Immunonachweisverfahren (22, 24, 25) und MRT dazu. Hier finden Eisenoxid-NP sowohl als Kontrastmittel (26), als auch als Nanosensoren Verwendung. Kaittanis et al. benutzten z.B. Eisenoxid-NP zur Detektion von Bakterien in Blut oder Milch mittels MRT (27). Wie bereits oben erwähnt, wurden Eisenoxid-NP auch zur Untersuchung und Quantifizierung der Chemotaxis von Bakterien in porösen Medien mittels MRT verwendet (18).

Eine Hauptaufgabe dieser Arbeit war die Synthese und Charakterisierung von Ak-gekoppelten MRT-aktiven NP. Darüber hinaus sollte eine Strategie zur Visualisierung von an Silica-Gel adsorbierten bzw. chemisch gebundenen B[a]P mittels MRT entwickelt werden.

# TEIL II

# THEORETISCHE GRUNDLAGEN

# 2 THEORETISCHE GRUNDLAGEN

## 2.1 Anreicherung von Viren aus großen Wasservolumina (30 $m^3$) mittels Crossflow-Ultrafiltration

### 2.1.1 Viren im Trinkwasser

**Definition und Historie**

Viren sind keine Lebewesen. Ein Viruspartikel (Virion) besteht aus RNA bzw. DNA, die mit einer Protein-Hülle (Capsid) umgeben ist (Abbildung 3).

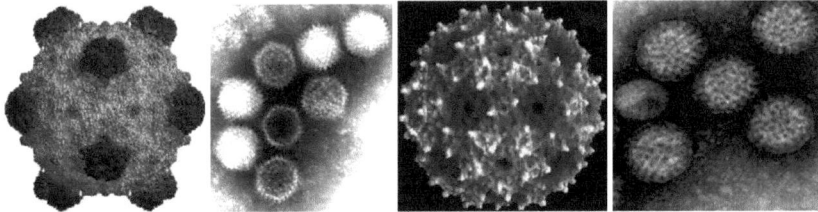

**Abbildung 3:** Computersimulierte Bilder und die entsprechenden elektronenmikroskopischen Aufnahmen zweier wichtiger Vertreter trinkwasserübertragbarer, humanpathogener Viren; Adenovirus als Beispiel eines 80-nm DNA-Virus (links) und Norovirus als Beispiel eines 28-nm RNA-Virus (rechts); Bilder zur Verfügung gestellt von Hans-Christoph Selinka (UBA Berlin).

Einige Viren besitzen zudem eine Membranhülle, und werden daher als behüllte Viren (im Gegensatz zu unbehüllte Viren) bezeichnet. Sie haben keinen eigenen Stoffwechsel und keine Möglichkeit zur selbstständigen Replikation. Eine Vermehrung ist daher nur in einer geeigneten Wirtszelle möglich. Einige Viren, die im Trinkwasser vorkommen, können Krankheiten auslösen. Kling war der Erste, der diese Tatsache erkannte und publizierte (28), als er 1928 Wasser aus einem Brunnen in Schweden untersuchte und Polioviren nachweisen konnte. Nach dem zweiten Weltkrieg wurde dieses Problem aufgrund vermehrt auftretender Poliomyelitis-Epidemien wieder aufgegriffen. So konnten Viren während einer Poliomyelitis-Epidemie im städtischen Abwasser von Chicago nachgewiesen werden (29). Beide Nachweise gelangen dabei noch durch Aufreinigung einer 4-L-Abwasserprobe und anschließender Verimpfung des Konzentrats auf Rhesusaffen. 1945 gelang Neefe et al. außerdem der Nachweis von Hepatitis-Viren in der Trinkwasserversorgung eines Ferienlagers (30). Sie konnten zeigen, dass sich Freiwillige sowohl durch Verabreichung von Fäkalien erkrankter

Personen, als auch durch Trinkwasser des Ferienlagers mit Hepatitis infizierten. Dadurch konnte der fäkale Verschmutzungsweg von Trinkwasser belegt werden.

Ein weiterer Meilenstein in der Virendetektion gelang Dulbecco 1952 mit der Entwicklung des Plaque-Assays zur Quantifizierung von Viren (31). Mit Hilfe dieser Technik gelang es 1964 Coin et al., Polio-, Coxsackie- und Echoviren im Pariser Trinkwasser nachzuweisen (32), was weitreichende Folgen, wie die Sanierung der Trinkwasserversorgung sowie die Einrichtung einer Trinkwasseraufbereitung, nach sich zog (33). Daraufhin folgten weitere Virennachweise auf Zellkulturbasis, wie z.b. der Nachweis von Hepatitis A-Viren im Trinkwasser durch Sobsey et al. 1985 (34).

Nur vier Jahre nach der Entwicklung der Polymerase-Kettenreaktion (PCR) durch Mullis et al. (35, 36) schlugen Alexander et al. 1989 die PCR als Detektionsmöglichkeit für Enteroviren in Wasser vor (37). Die PCR ermöglichte nun eine schnelle und sensitive Detektion von RNA- und DNA-Viren in Wasserproben (38, 39). Auch Viren, die bis dato nicht oder nur schwer kultivierbar waren (z.b. Norovirus), konnten nun nachgewiesen werden (40). Von da an wurde eine Vielzahl an trinkwasserbedingten Virusausbrüchen gemeldet. Eine exemplarische Zusammenstellung an bedeutenden Fällen ist in Tabelle 1 zu sehen.

**Tabelle 1:** Beispiele trinkwasserbedingter Ausbrüche von Virusinfektionen.

| Virus | Jahr | Land | Infektionen | Ursache | Nachweis | Lit. |
|---|---|---|---|---|---|---|
| Adenovirus | 1991 | USA | 681 | Unzureichende Chlorierung | Zellkultur | (41) |
| Echovirus | 1997 | Weißrussland | 461 | Unzureichende Desinfektion | - | (42) |
| Norovirus | 1998 | Finnland | ca. 3000 | Unzureichende Chlorierung | PCR | (43) |
| Norovirus / Echovirus | 1998 | Schweiz | ca. 2000 | Kontamination mit Abwasser | PCR | (44) |
| Norovirus | 2004 | Deutschland | 88 | Kontamination mit Abwasser | PCR | (45) |
| Norovirus | 2007 | USA | 94 | - | PCR | (46) |
| Norovirus | 2009 | Italien | 299 | Unzureichendes Abwassersystem | PCR | (47) |

Die Auflistung zeigt, dass es immer noch weltweit zu trinkwasserbedingten Virusausbrüchen kommt. Die Ursachen dieser Ausbrüche sind meist unzureichende Desinfizierung oder Starkregenfälle (48). Um eben genau diese Gefahr für die menschliche Gesundheit zu eliminieren, wurden weltweit Grenzwertkonzepte für Viren im Trinkwasser aufgestellt.

**Grenzwerte**

*Deutschland* In Deutschland wurde 1990 die erste Trinkwasserverordnung erlassen. Die letzte aktuelle Version wurde 2001 veröffentlicht und Ende 2011 durch eine novellierte Version ersetzt. Nach Abschnitt 2: Beschaffenheit des Wassers für den menschlichen Gebrauch, § 5, dürfen Krankheitserreger im Sinne des § 2 Nr. 1 des Infektionsschutzgesetzes nicht in Konzentrationen enthalten sein, die die menschliche Gesundheit schädigen könnten. Allerdings gibt es nur für die Indikatororganismen (*E. coli*, coliforme Keime, Enterokokken und Legionellen) Grenzwerte (0 in 100 mL bzw. 100 in 100 mL für Legionellen in Anlagen der Trinkwasserinstallation). Untersuchungen im Hinblick auf andere Mikroorganismen oder Viren im Wasser sind somit nicht Bestandteil der Trinkwasserverordnung (49).

*Europäische Union* In der Richtlinie 98/83/EG des Rates von 1998 über die Qualität von Wasser für den menschlichen Gebrauch heißt es, dass Trinkwasser keine Mikroorganismen, Parasiten und Stoffe jedweder Art in einer Konzentration enthalten soll, die eine potenzielle Gefährdung der menschlichen Gesundheit darstellt. Die Europäische Union fordert, dass alle ihr angehörenden Länder diese Richtlinie umsetzen (50). Auch hier sind somit Untersuchungen im Hinblick auf andere Mikroorganismen oder Viren im Wasser kein Bestandteil der Verordnung.

*WHO* 1979 hat die WHO erstmals gefordert, dass Trinkwasser frei von Viren sein muss. 2004 hat die WHO dieser Forderung erneut Nachdruck verliehen, indem sie Infektionskrankheiten, die durch Bakterien, Protozoen und Viren ausgelöst werden, zu den häufigsten und am weitest verbreiteten Gesundheitsrisiken zählt. Neben Bakterien und Protozoen werden somit auch einige Viren als gesundheitsrelevante Pathogene eingestuft. Diese sind in Tabelle 2 zusammengestellt. Die WHO stellte zudem fest, dass Trinkwasser hauptsächlich über Fäkalien von Mensch und Tier mit diesen Viren kontaminiert wird.

**Tabelle 2:** Durch Trinkwasser übertragbare Viren und ihre Bedeutung in den Wasserversorgungsanlagen (3, 51).

| Viren | Gesundheits-relevanz | Persistenz im Trinkwasser | Chlorresistenz | Relative Infektivität | Reservoir in der Tierwelt |
|---|---|---|---|---|---|
| Adenovirus | hoch | lang | Mittel | hoch | nein |
| Enterovirus | hoch | lang | Mittel | hoch | nein |
| Hepatitis A | hoch | lang | Mittel | hoch | nein |
| Hepatitis E | hoch | lang | Mittel | hoch | eventuell |
| Norovirus | hoch | lang | Mittel | hoch | eventuell |
| Sapovirus | hoch | lang | Mittel | hoch | eventuell |
| Rotavirus | hoch | lang | Mittel | hoch | nein |

Auch die WHO gibt keine bestimmten Grenzwerte für Viren im Trinkwasser an, sondern wählt andere Wege. Darunter zählt zum einen die Verwendung von geeigneten Wasseraufbereitungsanlagen sowie Desinfektionsmethoden, welche sicherstellen, dass Trinkwasser frei von Viren ist. Zur weiteren Einstufung einer Gefährdung wählt die WHO die Risikoabschätzung. Dazu wurde das Konzept der *disease adjusted life years* (DALY) entwickelt. 1 DALY entspricht dabei einem, durch vorzeitiges Versterben oder Krankheit beeinflussten Lebensjahr. Dabei spielt neben der Häufigkeit der Erkrankung auch die Schwere der Erkrankung, die Infektiosität der Erreger, die aufgenommene Menge an Trinkwasser sowie die Konzentration der Erreger im Trinkwasser eine Rolle. Mit Hilfe dieser Berechnungen können maximal zulässige Viruskonzentrationen im Trinkwasser bestimmt werden. Unter der Bedingung, dass innerhalb eines Jahres maximal 1 DALY pro 1 Million Verbraucher ($10^{-6}$ DALY) auftritt, berechnet die WHO z.B. für Rotavirus eine maximale Konzentration von einem Rotavirus in 32 m$^3$ Trinkwasser. Generell lässt sich sagen, dass Pathogenkonzentrationen, die das Gesundheitsziel von 1 DALY pro 1 Million Verbraucher pro Jahr erreichen, einem Organismus pro 10 – 100 m$^3$ Trinkwasser entsprechen. In den Richtlinien steht aber ebenso unter Punkt 3.2, dass ein weniger strenges Gesundheitsziel von $10^{-5}$ oder $10^{-4}$ DALY realistischer und dazu immer noch mit den Zielen einer hoch qualitativen sicheren Wasserversorgung übereinstimmt. Für das Beispiel Rotavirus würde dies einer maximal zulässigen Konzentration von 10 bzw. 100 Rotaviren in 32 m$^3$ Trinkwasser entsprechen.

Momentan wird das Monitoring von Trinkwasser hinsichtlich solcher Viren, aufgrund des großen Volumens, das dazu angereichert werden müsste (Beispiel Rotavirus: 32 m$^3$), von der WHO als nicht machbar bzw. nicht bezahlbar betrachtet. Unter Punkt 11.6 wird daher erklärt, dass das Monitoring im Normalfall auf Indikatororganismen beschränkt wird. Dazu zählen z.B. *E. coli*, Enterokokken, Clostridien oder auch Bakteriophagen.

## 2.1.1 Bakteriophage MS2 als Modellvirus im Trinkwasser

Der Bakteriophage MS2 ist ein 22 – 29 nm (52) großer Virus mit positiver (Kodierungsrichtung 5′→ 3′) einzelsträngiger RNA. Der isoelektrische Punkt (IEP) liegt bei 3,9 (53). Abbildung 4 zeigt ein mittels Transmissionselektronenmikroskopie erhaltenes Bild des Bakteriophagen MS2 mit ikosaedrischer Struktur. Für die virale Replikation adsorbiert das Virus an Pili des Wirts (z.B. Salmonellen, *E. coli*) und injiziert seine RNA. Nach der

Replikation wird das Genom von Capsidproteinen umhüllt. Die Zelle wird lysiert und die Viruspartikel freigesetzt.

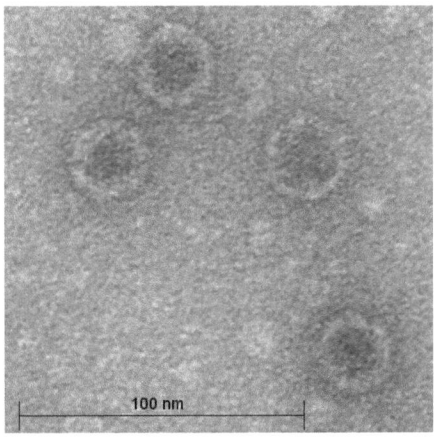

**Abbildung 4:** TEM-Bild mehrerer Bakteriophagen MS2; zur Verfügung gestellt von Sandra Lengger.

Aufgrund der vielen Gemeinsamkeiten zwischen MS2 und humanpathogenen Enteroviren, wie Größe, Morphologie, Struktur, Art der Vermehrung sowie der einfachen Kultivierbarkeit und der Unbedenklichkeit für den Menschen, dient MS2 als Modell für humanpathogene Viren. So wurde MS2 genutzt, um die Viruselimination während einer Membranfiltration zu quantifizieren (54, 55), oder das Verhalten von Viren in Wasser abzuschätzen (56, 57). Die Bedeutung der Bakteriophagen als Indikatororganismen wurde 2001 von Grabow et al. diskutiert (58). Auf diese Arbeit bezieht sich auch die WHO in ihren Richtlinien für Trinkwasserqualität in Punkt 11.6.6, die Coliphagen als Indikatororganismen vorschlägt (3). Auch José Figueras beschreibt Bakteriophagen als mögliche Indikatororganismen für die Trinkwasserverschmutzung mit Abwasser (48).

## 2.1.2 Methoden zur Anreicherung von Viren

Um das Beispiel Rotavirus noch einmal aufzugreifen, ergibt sich aus der Forderung der WHO von maximal zulässigen 1 – 100 Viren in 32 m$^3$ Trinkwasser, eine Konzentration von 3 x 10$^{-8}$ – 3 x 10$^{-6}$ Viren/mL, die es nachzuweisen gilt. Diese Konzentrationen sind zu gering, um sie direkt in einer Wasserprobe zu detektieren. Deshalb wurden in den letzten Jahrzehnten mehrere Anreicherungsmethoden für Viren in Wasser entwickelt. Eine Übersicht über die

verschiedenen Methoden und ihre Anwendungen geben Wyn-Jones und Sellwood (59) sowie Grabow (58).
Üblicherweise bestehen die Anreicherungsverfahren aus zwei Stufen. Eine primäre Anreicherung, bei der Volumina von 1 – 1000 L auf ein Volumen von 50 – 500 mL reduziert werden, und eine sekundäre Anreicherung, bei der auf ein Endvolumen von < 10 mL angereichert wird. Das Endvolumen muss so klein wie möglich gehalten werden, da in nachfolgenden Detektionsmethoden üblicherweise sehr kleine Volumina eingesetzt werden (PCR: einige µL; Plaque-Assay: mL). Idealerweise sollte das gesamte Volumen in der nachfolgenden Detektionsmethode eingesetzt werden, um die maximale Sensitivität zu erreichen. Gleichzeitig sollten die Anreicherungsmethoden maximale Wiederfindungsraten für eine möglichst große Anzahl an unterschiedlichen Viren erzielen. Block und Schwartzbrot haben die geforderten Eigenschaften einer optimalen Anreicherungsmethode zusammengestellt (60):

- technisch einfach durchführbar,
- hohe Wiederfindungsraten,
- simultane Anreicherung vieler verschiedener Viren,
- kleines Elutionsvolumen,
- kostengünstig,
- geeignet für große Probenvolumina,
- hohe Reproduzierbarkeit.

**Primäre Anreicherungsmethoden:**
Virus-Adsorptions-Elutions-Methode
Die Virus-Adsorptions-Elutions-Methode (Viradel) wurde 1967 von Wallis und Melnick entwickelt (61-63). Mittlerweile gibt es eine Vielzahl an Methoden zur Anreicherung von Viren, die aufgrund von Ladungsunterschieden zwischen Virus und Filtermaterial beruhen. Zu den wichtigsten Verfahren dieser Art zählen die Filtration über positiv geladene Filter, die Glaswollfiltration sowie die Filtration über negativ geladene Filter. Weniger übliche Methoden, wie die Filtration über Mullbinden (64) oder Glaspulver (65), werden hier nicht behandelt.
Die Funktionsweise der Anreicherung von Viren mittels positiv geladener Filter ist nachfolgend erklärt: Viren, die einen IEP haben, der kleiner ist als der pH-Wert des sie umgebenden Wassers, besitzen eine negative Ladung und adsorbieren an die positiv geladene Filteroberfläche. Von dort können sie z.B. mittels einer hoch proteinhaltigen Lösung (z.B.

Rinderextrakt) mit alkalischem pH-Wert und dem Zusatz von Aminosäuren (z.B. Glycin) eluiert werden (66). Der Zeta-Plus-1MDS-Filter (Cuno, Meriden, CT, USA) zählt zu den wichtigsten Vertretern der positiv geladenen Filter. Die *US Environmental Protection Agency* (USEPA) hat eine Standardmethode zur Sammlung von Enteroviren aus großen Wasservolumina mit Hilfe dieses Filters vorgeschlagen (67). Sobsey et al. sowie Ma et al. erforschten in diversen Studien die Wiederfindung von humanen Enteroviren aus Wasserproben (34, 66, 68, 69). 2006 zeigten Polaczyk et al. die Verwendung von 1MDS-Filtern zur simultanen Anreicherung von verschiedenen Mikroorganismen aus Trinkwasser (70). Dabei konnten die Bakteriophagen MS2 und Phi X174 simultan mit anderen Mikroorganismen aus einer 20-L-Probe mit einer Wiederfindung von 32 ± 13% bzw. 37 ± 26% in einem Eluat von 1 L innerhalb von 20 min (Filtrationsvolumenrate 2,7 L/min; Verweilzeit des Eluats: 10 min) wiedergefunden werden.

Nach demselben Anreicherungsmechanismus kann, anstelle von elektropositiven Filtern, auch Glaswolle verwendet werden. Einen Überblick über die verschiedenen Anwendungen der Glaswollfiltration im Bereich des Virusmonitoring sowie verschiedene Untersuchungen über die Virus-Wiederfindungen geben Lambertini et al. (71). Drei der wichtigsten Vertreter humanpathogener Viren (Enterovirus, Adenovirus und Norovirus) wurden mittels Glaswolle aus großen Volumina Trinkwassers (bis zu 1658 L) mit Wiederfindungen zwischen 8 und 98% angereichert. Die großen Volumina wurden mit einer Volumenrate von bis zu 5,5 L/min filtriert, wobei in 3 von 15 (bzw. 8 von 15) Trinkwasserproben Adenoviren (bzw. Enteroviren) in Konzentrationen von 0,01 *genomic units* (GU)/L (bzw. 0,2 – 19,2 GU/L) gefunden worden sind. Der große Vorteil der Glaswollfiltration besteht in der Einfachheit der Methode und der damit verbundenen Kostenersparnis. Lambertini et al. berechneten die Kosten für die Anreicherung einer Wasserprobe auf 10 $ mittels Glaswollfiltration. Im Vergleich dazu wurden 170 $ für eine Anreicherung mittels 1MDS-Filter berechnet.

Für die Anreicherung von Viren mittels negativ geladener Filter (z.B. Cellulosenitrat-Filter) muss die Wasserprobe auf einen pH-Wert von ca. 3,5 eingestellt werden. Damit besitzen Viren, deren IEP größer als 3,5 ist, eine positive Ladung und adsorbieren an der negativ geladenen Filteroberfläche. Die Elution der Viren erfolgt auch hier mit Hilfe eines proteinhaltigen Puffers. Diese Methode wird vor allem für trübe Wasserproben mit hohem Feststoffanteil verwendet (59). Die Wiederfindung von Enteroviren aus Meerwasser war mit dieser Methode höher als bei der Anreicherung mittels elektropositiver Filter (72). Des Weiteren wurden neben Entero-, auch Noro- (73) und Rotaviren (74) mit dieser Methode aus diversen Wassermatrices angereichert.

## Ultrafiltration (UF)

Während die Viren bei der Viradel-Methode aufgrund von elektrostatischen Wechselwirkungen angereichert werden, ist die UF eine größenspezifische Anreicherungsmethode. Eine flüssige Probe wird rein physikalisch in Filtrat und Retentat getrennt. Dabei bleibt die Probe chemisch unverändert und benötigt keine Vorbehandlung, wie pH-Wert-Einstellung oder den Zusatz von Proteinen. Dies ist neben den relativ hohen Wiederfindungsraten der große Vorteil dieser Filtrationsmethode im Gegensatz zur Viradel-Methode (59). Dem gegenüber stehen die relativ hohen Anschaffungskosten einer Ultrafiltrationsanlage von mehreren Tausend Euro. Wird eine UF-Anlage allerdings mit wiederverwendbaren UF-Membranen und für eine große Anzahl an Proben (z.B. für Monitoring) verwendet, relativieren sich die Kosten und die UF wird vergleichbar mit kostengünstigen Anreicherungsmethoden wie der Glaswollfiltration (71).

Die UF lässt sich mit Porengrößen der Membran von 10 – 100 nm zwischen der Nano- und der Mikrofiltration einordnen (siehe Abbildung 5).

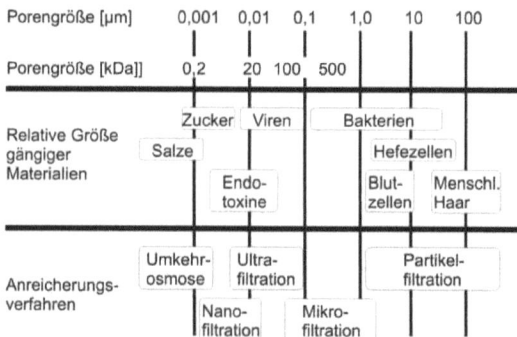

**Abbildung 5:** Vereinfachtes Filtrationsspektrum nach Kiefer et al. (75).

Die Übergänge dieser Einteilung sind allerdings fließend. Während Umkehrosmose und Nanofiltration Analyten aufgrund unterschiedlichen Diffusionsverhaltens durch eine idealisiert porenfreie Membran abtrennen, werden Ultra- und Mikrofiltration mit porösen Membranen betrieben (75). Die Triebkraft der Filtration ist dabei der Transmembrandruck (TMP).

$$TMP = p_{Retentat} - p_{Filtrat} \qquad (1)$$

mit $p_{Retentat}$ = mittlerer Druck auf der Retentatseite

$p_{Filtrat}$ = mittlerer Druck auf der Filtratseite

Generell kann die UF in drei verschiedenen Betriebsmodi betrieben werden:
- Crossflow-Ultrafiltration (CUF),
- Deadend-Ultrafiltration (DEUF),
- Vortexflow-Ultrafiltration (VFF).

Dabei ist die VFF ist eine besondere Art der Ultrafiltration. Sie basiert auf Taylor-Wirbeln (76), die sich innerhalb des VFF-Gerätes durch Rotation eines Zylinders innerhalb eines zweiten Zylinders bilden und das Zusetzen der Filteroberfläche verhindern (siehe Abbildung 6).

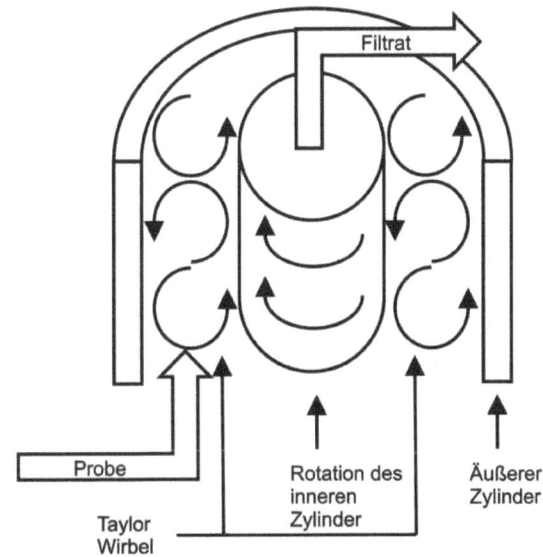

**Abbildung 6**:Schematische Darstellung des VFF-Prinzips nach Jiang et al. (77).

Die anzureichernde Probe wird zwischen die Zylinder gepumpt und durch die Filteroberfläche des inneren Zylinders gefiltert. Durch die Bewegung der Zylinder wird die Bildung einer Deckschicht verhindert.

Diese Technik wurde 1991 von Paul et al. zur Anreicherung von T2 Bakteriophagen adaptiert (78). Die Bakteriophagen konnten damit aus 2-L-Seewasserproben mit einer Wiederfindung von 73 ± 6% in 15 mL angereichert werden. Mit demselben System (Membrex Benchmark System; 100 kDa) wurden von Tsai et al. 1993/94 Meerwasserproben auf Hepatitis A-, Rota-

und Polioviren untersucht (79, 80). Donaldson et al. veröffentlichte 2002 eine Wiederfindung von 53 ± 20% für Poliovirus, aufgestockt in zwei 20-L-Seewasserproben (81).

Die gängigen Betriebsmodi einer UF sind DEUF und CUF. Diese unterscheiden sich maßgeblich. Bei der DEUF wird die Membran orthogonal mit der Probe beaufschlagt. Partikel, die größer als die Poren der Membran sind, lagern sich auf dieser ab, weshalb es bereits nach kurzer Zeit zur Bildung einer Deckschicht kommt. Mit Bildung dieser Deckschicht erhöht sich der Filtrationswiderstand, was eine Reduzierung des Filtratflusses nach sich zieht. Im Gegensatz dazu überströmt die Probe im CUF-Betrieb die Membran tangential. Auch in diesem Betriebsmodus kommt es zur Ausbildung einer Deckschicht. Diese wird allerdings aufgrund von Scher- und Auftriebskräften, die aus der tangentialen Überströmung der Membran resultieren, wieder abgebaut. Sind alle Parameter geeignet gewählt, stellt sich zwischen Bildung und Abbau der Deckschicht ein Gleichgewicht ein. Somit bleiben die Dicke der Deckschicht und damit auch der Filtratfluss konstant (siehe Abbildung 7).

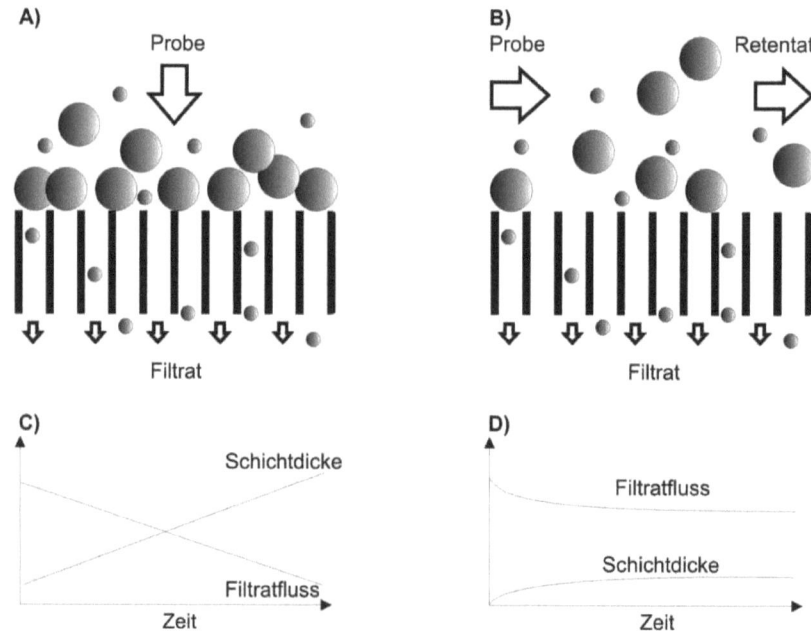

**Abbildung 7:** Prinzip der DEUF (A) im Vergleich mit der CUF (B) sowie die resultierenden Filtratflüsse und Schichtdicken (C,D).

In verschiedenen mathematischen Modellen (Porenmodell, Deckschichtmodell, Diffusionsmodell, Pinchmodell, Ablagerungsmodell und Widerstandsmodell) wird versucht, die ablaufenden Vorgänge zu beschreiben (82, 83). Eine gute Zusammenfassung dieser Berechnungsansätze findet sich in der Dissertation von Caroline Peskoller (84).

UF-Membranen können aus verschiedenen Materialien hergestellt werden. Gängig sind dabei Metalle, Keramiken und Kunststoffe. Neben dem Material können UF-Membranen auch aufgrund ihrer Geometrien eingeteilt werden. Neben Flach- und Spiralmembranen sind Hohlfasermembranen weit verbreitet. Mehrere Flachmembranen werden in Kassettenmodulen zusammengeführt, um die gewünschte Membranfläche zu erhalten (Abbildung 8a). Ein Anbieter für Hohlfasermembranen ist z.B. Spectrumlabs, der UF-Module aus mehreren Hohlfasern anbietet (Abbildung 8b). Eine neuere Technologie ist die Multibore® UF-Membran aus modifiziertem Polyethersulfon der Fa. Inge GmbH (Abbildung 8c). Die spezielle Bauweise dieser Membran macht Faserbrüche, wie sie bei normalen Hohlfasermodulen üblich sind, nahezu unmöglich.

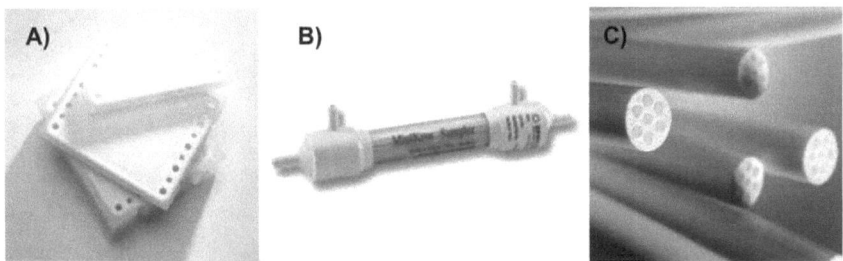

**Abbildung 8:** A) Flachmembran in Kassettenmodul (Millipore); B) Hohlfasermembran (Spectrumlabs); C) Multibore Membran (Inge GmbH).

Bereits 1974 schlugen Belfort et al. eine Methode zur Virenanreicherung mittels Hohlfasermembranen vor (85-87). Dabei wurde Poliovirus aus 50-L-Trinkwasserproben mit hohen Wiederfindungen von 55% innerhalb von 3 h in einem Volumen von 250 mL angereichert. 1986 wurde von Jansons et al. erstmals ein kombiniertes Verfahren, bestehend aus einer großen und einer kleinen Ultrafiltrationseinheit, beschrieben, bei dem Poliovirus aus großen Volumina (400 L) Grundwasser auf 50 mL mit einer Wiederfindung von 21% angereichert werden konnte (88). All diese, sowie weitere Arbeiten, wie z.B. von Berman et al. 1980 (89), führten 1996 zur Entwicklung eines portablen Geräts zur Virenanreicherung (90). Garin et al. demonstrierten damit die Wichtigkeit eines mobilen Gerätes, das vollautomatisch verschiedene Mikroorganismen (gezeigt an Echovirus und Poliovirus) simultan aus Wasserproben bis zu 120 L innerhalb von 2 h anreichert. Weiterführende Arbeiten auf dem Gebiet der Virenanreicherung mittels UF lieferten Hill et al. (5, 91-94) ab 2000. Der experimentelle Aufbau erlaubte die Anreicherung diverser Mikroorganismen sowohl mittels DEUF, als auch mittels CUF (Abbildung 9).

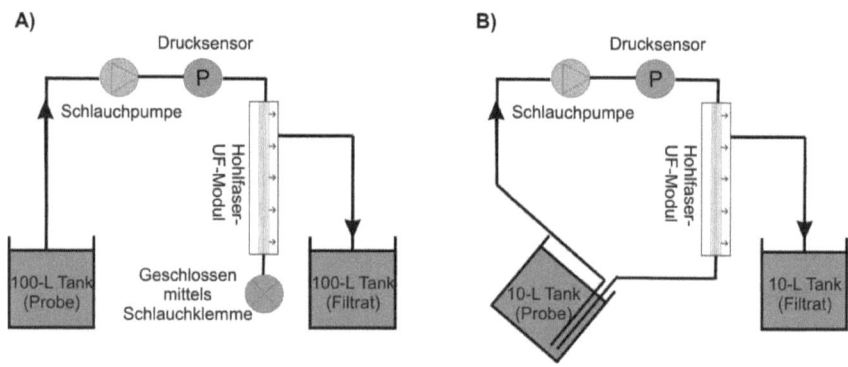

**Abbildung 9:** Experimenteller Aufbau der UF als DEUF (A) und CUF (B) nach Hill et al. (92, 94).

Hill et al. erzielten Wiederfindungen von 57 ± 8% für MS2 in 100-L-Trinkwasserproben, die mittels DEUF auf 500 mL angereichert wurden. Von Hill et al. (2005) wurden außerdem Möglichkeiten zur Verbesserung der Wiederfindung getestet. Neben Chemikalien, wie z.B. Natriumpolyphosphat, die der zu filtrierenden Wasserprobe zugesetzt wurden, konnten die Wiederfindungen auch durch Zusatz von Tensiden (z.B. Tween 80) zur Elutionslösung sowie durch vorhergehendes Blocken der Ultrafilter mittels Rinderserum auf 106 ± 23% (MS2 in 10 L Trinkwasser) erhöht werden (92). Auch neueste Untersuchungen, wie von Knappett et al. (2011), zeigen neben den Möglichkeiten der UF als effektive Anreicherungsmethode für Mikroorganismen aus großen Volumina (400 L) auch, dass weitere Forschung nötig ist, um z.B. hohe Abweichungen in den Wiederfindungen auszuschließen (95).

**Sekundäre Anreicherungsmethoden**
<u>Adsorptions-Elutions-Methode</u>
Verwendet man kleinere Filter, kann die Adsorptions-Elutions-Methode auch als sekundäre Anreicherungsmethode verwendet werden. Shields et al. haben eine 114-L-Trinkwasserprobe in einem ersten Schritt mittels Filtration über einen Glasfaserfilter (d = 25,4 cm) auf 1 L und anschließend mit Hilfe einer Filtration über einen Asbestfilter (d = 0,5 cm) auf 16 mL

angereichert (96). Dabei konnten verschiedene Enteroviren mit 54 ± 18% (n = 10) wiedergefunden werden.

Ultrafiltration

UF findet auch als sekundäre Anreicherungstechnik Verwendung. Dabei können Viren mit einer sogenannten *small scale* UF Viren auf ein sehr kleines Volumen (einige mL) angereichert werden. Die Technik und der Aufbau sind dabei, mit Ausnahme der Dimensionen, identisch mit der konventioneller UF. Divizia et al. befanden bereits 1989 die UF als eine effiziente sekundäre Anreicherungsmethode für Polio- und Hepatitis A-Viren (97). Von John et al. wurden 2011 Viren mittels einer zweistufigen CUF von 50 L auf 1 L und dann auf 15 mL angereichert (98). Sobsey et al. verwendeten die UF als sekundäre Anreicherung zur Detektion von Viren in Austern. Dabei wurde ein 150-mL-Eluat mittels UF innerhalb von 1 h auf 4 mL angereichert (99). Die Wiederfindung variierte dabei zwischen 49% und 100% (n = 8).

Flockung

Eluate aus einem primären Anreicherungsschritt mittels Viradel-Technik beinhalten einen hohen Anteil an Proteinen und weisen einen hohen pH-Wert auf. Durch Absenken des pH-Wertes können diese Proteine gefällt werden (100, 101). Dabei adsorbieren die Viren an die gebildeten Flocken, die mittels Zentrifugation zu einem Pellet geformt werden. Das Pellet kann in einem sehr kleinen Volumen resuspendiert und zur Virusanalyse verwendet werden. Diese Technik wird somit hauptsächlich als sekundäre Anreicherungsmethode verwendet. Zur Flockung aus nicht proteinreichen Lösungen können verschiedene Techniken verwendet werden. So wurden z.B. Salze von Eisen (102, 103), Aluminium und Calcium (61), sowie Polyelektrolyte (104) zur Flockung von Viren verwendet. Begrenzt kann die Flockung aber auch als primäre Anreicherung eingesetzt werden. So haben z.B. 2007 Liu et al. die Flockung benutzt, um Noroviren aus 1-L-Trinkwasserproben auf 4 mL anzureichern (105). Des Weiteren wurde 2011 von John et al. eine Methode entwickelt, um mittels Flockung, Filtration und Resuspendierung Viren aus Seewasser anzureichern (98). Dabei konnten Viren aus 20-L-Proben mittels $FeCl_3$-Fällung in 10 mL mit 93 ± 1% (n = 4) wiedergefunden werden. Im Vergleich dazu zeigte eine zweistufige CUF zwar nur eine Wiederfindung von 23 ± 4% (n = 4), war aber deutlich schneller (6 h im Vgl. zu 25 h) und in der Lage, größere Volumina zu bewältigen (50 L im Vergleich zu 20 L).

Hydroextraktion

Die Hydroextraktion mittels Polyethylenglykol (PEG) ist ebenfalls eine Methode, bei der Viren mittels PEG gefällt und anschließend abzentrifugiert werden können. Diese Methode ist volumenbegrenzt. Ein maximales Volumen von 1 L kann damit angereichert werden. Damit kann die Hydroextraktion für Gewässer mit hohen Virenkonzentrationen (z.b. Abwasser) als primäre Konzentrationsmethode eingesetzt werden (106). Ferner wird diese Methode als sekundärer Anreicherungsschritt, z.b. von Vilaginès et al. nach Glaswollfiltration von 100-L-Trinkwasserproben (107) oder von Farrah et al. nach Filtration von 400-L-Salzwasserproben über elektronegative Filter (108) verwendet. In beiden Fällen konnte ein für diese Methode typisches Endvolumen von 10 – 40 mL erreicht werden. Colombet et al. benutzten diese Methode als sekundären Anreicherungsschritt eines 210-mL-Eluates aus CUF, um daraus ein 400-µL-Konzentrat herzustellen (109).

Ultrazentrifugation

Diese Methode wird aufgrund des ebenfalls begrenzten prozessierbaren Volumens nur als sekundäre Anreicherungstechnik verwendet. Dabei werden alle Viren aufgrund der hohen Zentrifugationskräfte (100.000 x g – 250.000 x g) simultan gefällt. Das dadurch entstandene Pellet kann in einem sehr kleinen Volumen resuspendiert und zur Virusanalyse verwendet werden. Eine Vielzahl an Publikationen, die sich mit der Anreicherung von Viren beschäftigen, verwenden Ultrazentrifugation als sekundäre Anreicherungstechnik. So findet sie z.B. als sekundärer Anreicherungsschritt nach der CUF (109) oder nach der Anreicherung mittels Viradel-Methode (110) Verwendung.

Immunomagnetische Separation (IMS)

Die IMS ist eine Anreicherungsmethode, die es erlaubt, selektiv Analyten (z.B. Viren) aus einer komplexen Matrix zu isolieren. Das Grundprinzip der IMS wird in Abbildung 10 dargestellt. Verwendung findet die IMS neben der Anreicherung von Bakterien (22) und anderen Mikroorganismen auch zur Anreicherung von Viren. Die Volumina, die mittels IMS angereichert werden, sind allerdings sehr klein (wenige mL), weshalb diese Technik eher zu den tertiären Anreicherungsmethoden gezählt werden muss. In der Literatur wurde die Anreicherung von Noroviren aus 1-mL-Lebensmittelextrakten (111), 1-mL-Fäkalienextrakten (112) sowie Hepatitis und Rotaviren aus 1-mL-Pufferlösungen (113, 114) beschrieben. Der Vorteil dieser Methode liegt in den sehr kleinen Elutionsvolumina von 30 – 100 µL, die anschließend direkt und ohne Sensitivitätsverlust in die PCR eingesetzt werden können.

Gleichzeitig bietet die IMS neben einer Anreicherung die Möglichkeit, mittels Antikörper-gekoppelten NP Viren selektiv aus einer komplexen Matrix zu isolieren.

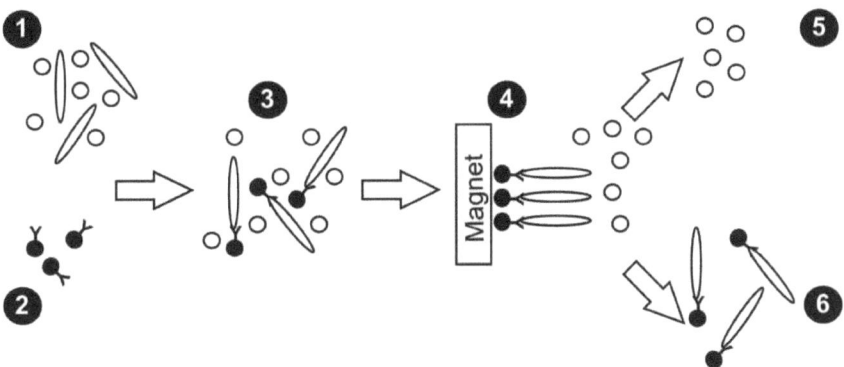

**Abbildung 10:** Grundprinzip der IMS nach Boschke et al.(115); 1: Probe mit Analyten; 2: magnetische Partikel mit selektiven Liganden; 3: Inkubation und Bindung des Analyten an die magnetischen Partikel; 4: Separation und Abscheidung am Magneten; 5: Entfernen ungebundener Matrixbestandteile mittels Waschschritt; 6: isolierte magnetische Partikel mit gebundenen Analyten.

Monolithische Affinitätsfiltration (MAF)

Eine weitere Methode, die zur Anreicherung von Viren verwendet werden kann, ist die MAF. Die monolithischen Säulen bestehen dabei aus einem hochporösen Material, basierend auf einem mittels Schwefelsäure hydrolysierten Polyepoxid. Anwendung fanden diese Säulen in der Aufreinigung von Pflanzenviren (116, 117). Bis zu 500 mL einer mit Viren-aufgestockten Trinkwasserprobe konnten bei einer Volumenrate von 8 mL/min mit einer Wiederfindung von 70% – 90% auf 1 mL aufgereinigt und konzentriert werden. Die erfolgreiche Anwendung von MAF zur selektiven Anreicherung von Mikroorganismen wurde am IWC bereits gezeigt. Mit Polymyxin B modifizierten monolithischen Säulen konnte von Peskoller et al. *E. coli* aus 50-mL-Wasserproben auf ein Endvolumen von 200 µL mit 97 ± 3% Wiederfindung angereichert werden (118). Ott et al. änderten die chemische Modifikation dieser Säulen ab und immobilisierten Ak gegen *S. aureus* auf der monolithischen Säule (119). Damit konnte *S. aureus* mit einer Wiederfindung von 74 ± 4% angereichert werden. Die hohen Wieder-findungen, gepaart mit dem sehr kleinen Endvolumen (200 µL – 1 mL) und den hohen Volumenraten (7 – 10 mL/min) machen die MAF zu einer interessanten sekundären Anreicherungsmethode. Deshalb wird am IWC die Entwicklung einer MAF zur Anreicherung von Viren aus Wasserproben erforscht.

**Anreicherung von großen Volumina**

Um in einem großen Volumen Viren zu quantifizieren, muss man dieses in einen mehrstufigen Prozess auf ein sehr kleines Volumen reduzieren, welches direkt zur Quantifizierung eingesetzt werden kann. Wie in Tabelle 3 zu sehen ist, haben verschiedene Forschergruppen bereits ab 1980 versucht, ein geeignetes Verfahren zur Anreicherung aus großen Volumina zu entwickeln.

**Tabelle 3:** Überblick über den Stand der Technik der Anreicherungsmethoden für große Volumina.

| Jahr | Ausgangs-volumen | End-volumen | Primäre Anreicherung | Benötigte Zeit | Sekundäre Anreicherung | Benötigte Zeit | Lit. |
|------|------------------|-------------|----------------------|----------------|------------------------|----------------|------|
| 2008 | ca. 1500 L | 2 mL | Glaswollfiltration | ca. 6 h | Flockung | über Nacht | (71) |
| 1980 | 1000 L | 35 mL – 70 mL | elektropositiver Filter | ca. 2 h | Flockung | ca. 1 h | (120) |
| 1981 | 200 L | 50 mL – 100 mL | elektronegativer Filter | ca. 1 h | UF | keine Angabe | (121) |
| 1986 | 400 L | 50 mL | UF | ca. 1,5 h | UF | ca. 1,5 h | (88) |

Lambertini et al. waren mit der Filtration von 1500 L Trinkwasser diejenige Arbeitsgruppe, die aus der größten Menge an Wasser angereichert hat (71). Allerdings gibt es in der Literatur keine Methode zur Anreicherung aus noch größeren Volumina (> 10.000 L).

### 2.1.3 Methoden zur Detektion und Quantifizierung von Viren

Die Detektion und Quantifizierung von Viren lässt sich in drei unterschiedliche Methoden einteilen (59):
- Detektion mittels Zellkulturen,
- Immunologische Methoden,
- Molekularbiologische Methoden.

Dabei muss zwischen einer Detektion als Anwesenheitstest von Viren, ohne deren Quantifizierung, und Quantifizierung selbst unterschieden werden. Einzig der Plaque-Assay erlaubt neben einer quantitativen Bestimmung auch eine Aussage über die Infektiosität der Viren, da nur infektiöse Viren Plaques verursachen und dadurch quantifiziert werden können. Allerdings sind nur wenige Viren aufgrund ihrer schweren Kultivierbarkeit mittels Plaque-Assay quantifizierbar. Darüber hinaus sind Zellkultur-Methoden zeit- und arbeitsaufwendig. Dagegen sind molekularbiologische Methoden, wie qRT-PCR, deutlich schneller. Die

Übersicht (Tabelle 4) der möglichen Nachweismethoden der wichtigsten durch Trinkwasser übertragbaren Viren zeigt, dass die molekularbiologischen Nachweisverfahren für alle Viren etabliert sind.

Tabelle 4: Ausgewählte gesundheitsrelevante, durch Trinkwasser übertragbare Viren und deren mögliche Nachweisverfahren.

| Virus / Nachweis | Zellkultur | Immunologisch | Molekular-biologisch | Literatur |
|---|---|---|---|---|
| Adenovirus | ja | nein | ja | (124) |
| Enterovirus | ja | ja | ja | (125) |
| Hepatitis A | nein | ja | ja | (3, 126) |
| Norovirus | nein | ja | ja | (127) |
| Rotavirus | nein | ja | ja | (128, 129) |

Dagegen sind Zellkulturverfahren nur für Entero- und Adenoviren bekannt. Während den immunologischen Nachweisverfahren nur eine geringe Bedeutung zukommt und nur für wenige Viren Zellkulturverfahren bekannt sind, stellen die PCR-basierten Nachweisverfahren die Methode der Wahl für den Nachweis von Viren aus Umweltproben dar (122). Neben dem weiteren Vorteil der schnellen Analysenzeit (2 – 4 h) bringen diese PCR-basierten Nachweismethoden auch Nachteile mit sich. So sind einige Verfahren noch nicht vollständig ausgereift und haben hohe Nachweisgrenzen (4). Die geringen Probenvolumina (10 – 100 µL), die in die PCR eingesetzt werden können, verringern gleichzeitig die Sensitivität des Virusnachweises, bzw. benötigen einen weiteren Anreicherungsschritt im Vergleich zu Zellkultur-Nachweisverfahren, bei denen Volumina von 1 – 7 mL eingesetzt werden können (122). Typische Nachweisgrenzen liegen bei wenigen Viruspartikeln pro PCR-Ansatz (123), was einer Nachweisgrenze von ca. $10^2$ Viruspartikeln pro mL entspricht. Damit ist die Sensitivität der PCR-Methoden, verglichen mit Zellkultur-Nachweisverfahren (Volumen 1 mL; Nachweisgrenze 1 Plaque-bildende Einheit (PFU)/mL), ca. um den Faktor 100 niedriger. Des Weiteren werden die Verfahren durch die Anwesenheit einer Vielzahl an Stoffen (z.B. Huminsäuren) inhibiert. Somit ergeben sich folgende Anforderungen zum Nachweis von Viren in Wasser:

1) Die Anreicherung einer Probe ist zwingend notwendig, da die Viruskonzentration im Regelfall kleiner als die Nachweisgrenze der Detektionsmethode ist.

2) Bei Umweltproben mit einer hohen Menge an Inhibitoren ist eine Aufreinigung vor der Detektion zwingend erforderlich.

Darüber hinaus ist es wichtig zu wissen, dass PCR-Methoden, im Gegensatz zu Zellkultur-Nachweisverfahren, keinerlei Aussagen über die Infektiosität der Viruspartikel erlauben. Dazu müssten andere Methoden, wie die integrierte Zellkultur-PCR, verwendet werden.

## 2.2 Visualisierung von Benzo[a]pyren in porösen Medien mittels Antikörper-gekoppelten superparamagnetischen Nanopartikeln

### 2.2.1 Benzo[a]pyren im Boden

B[a]P gehört zur Gruppe der polyzyklischen aromatischen Kohlenwasserstoffe (PAKs). PAKs sind Verbindungen, die aus mindestens zwei aromatischen Ringsystemen bestehen. Sie sind unpolar und damit schwer in Wasser lösliche, neutrale Moleküle mit einer oftmals starken Fluoreszenz. Aufgrund der hohen Karzinogenität, Teratogenität und Toxizität wurde in den USA von der *U.S. Environmental Protection Agency* (USEPA) eine Liste von 16 PAKs als wichtige Umweltkontaminanten festgelegt. Darunter nimmt B[a]P eine Sonderstellung als Leitsubstanz ein. PAKs entstehen hauptsächlich durch unvollständige Verbrennung von organischer Materie, wie z.b. Brennstoffe (Benzin, Diesel, Kohle), Abfall oder pflanzlicher Materie. Dabei gelangen sie in die Atmosphäre, von wo aus sie sich dann weltweit verbreiten. Deshalb zählen PAKs zu den ubiquitären Umweltkontaminanten. B[a]P kann über Wasser, Erde, Lebensmittel, Zigarettenrauch und über Luft durch Inhalation, Hautkontakt und Nahrungsaufnahme in den Menschen gelangen. Dort wird es enzymatisch metabolisiert. Abbauprodukte, wie z.B. B[a]P-7,8-dion (130) binden an die DNA, was die mutagene und karzinogene Wirkung von B[a]P erklärt (131, 132). Die quantitative Analyse von B[a]P in den verschiedenen Matrices ist Stand der Technik. Tabelle 5 zeigt einen Überblick über die Konzentrationsbereiche, in denen B[a]P in verschiedenen Umweltmatrices gefunden wurde.

**Tabelle 5:** Konzentrationen von B[a]P in unterschiedlichen Umweltmatrices.

| Matrix | Konzentration B[a]P | Messstelle / Ursache | Literatur |
|---|---|---|---|
| Luft | $0{,}002 - 0{,}007$ ng/m$^3$ | Arktis | (133) |
| Luft | $0{,}4 - 23{,}5$ µg/m$^3$ | Arbeitsplatz Aluminiumfabrik | (134) |
| Luft | 60 µg/m$^3$ | Waldbrand | (135) |
| Erde | $14 - 536$ mg/kg | Industrieböden | (136, 137) |
| Erde | $3{,}5 - 3700$ µg/kg | nicht kontaminierte Böden | (138) |
| Lebensmittel | 1 µg/kg | Fleisch in Deutschland | (139) |
| Wasser | $7{,}65 - 28{,}6$ ng/L | Niederschlag | (140) |
| Wasser | 101 µg/L | Abwasser | (141) |

Es gibt eine Vielzahl an Grenzwerten für B[a]P in den jeweiligen Matrices. Während die deutschen Grenzwerte für B[a]P in Lebensmitteln 1 µg/kg (Fleischprodukte) (139) und in

Wasser 10 ng/L (141) sind, liegen die Grenzwerte für B[a]P in unterschiedlich genutzten Böden zwischen 2 - 12 mg/kg Trockengewicht (10). B[a]P bindet an Huminstoffe im Oberboden, wo es aufgrund der niedrigen Wasserlöslichkeit (3,8 µg/L) (9) angereichert wird. Während die quantitative Analyse von B[a]P bereits Stand der Technik ist, sind einige Prozesse, wie Anreicherung, Verteilung oder Abbau noch nicht vollständig verstanden. Der generelle Abbau von PAKs im Boden verläuft vorwiegend biologisch (142). Jedoch ist auch chemische und photochemische Oxidation möglich. Nachdem der erste aromatische Ring abgebaut ist, erfolgt der Abbau des nächsten Ringes in derselben Art und Weise. B[a]P, als Vertreter der hochmolekularen PAKs, wird allerdings nur schwer oder überhaupt nicht abgebaut. Gründe dafür sind die geringe Löslichkeit, die hohe Resonanzenergie sowie die Toxizität (143). Dennoch konnte gezeigt werden, dass Bakterien B[a]P abbauen können. Juhasz und Naidu haben dazu 2000 folgenden Abbaumechanismus vorgeschlagen (Abbildung 11):

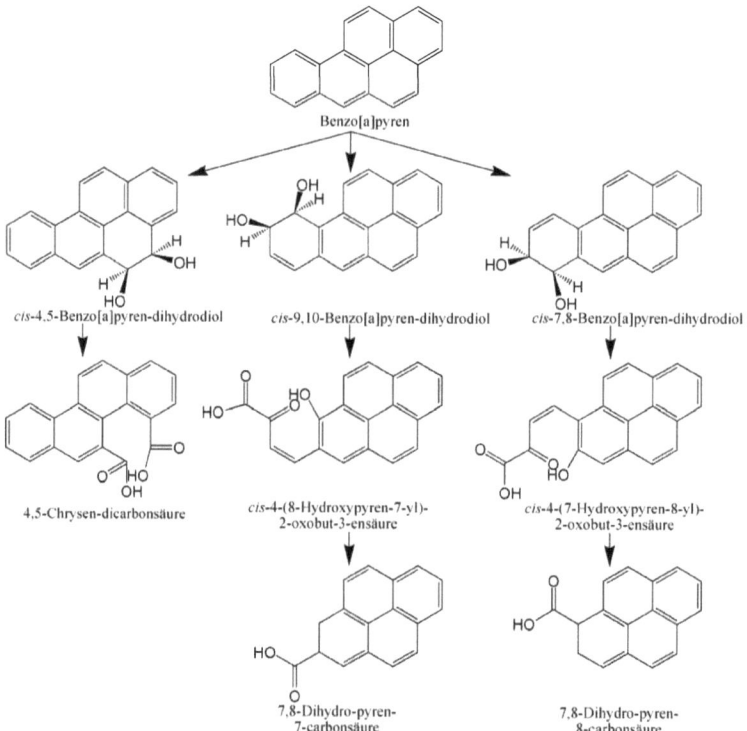

**Abbildung 11:** Bakterieller Abbau von B[a]P, vorgeschlagen von Juhasz und Naidu (143).

Der Abbau von B[a]P wird durch zahlreiche Faktoren behindert. Dazu zählt neben der bereits erwähnten geringen Löslichkeit und hohen Toxizität auch die geringe Bioverfügbarkeit, welche sich durch den hohen n-Oktanol/Wasser-Verteilungskoeffizient (log $K_{OW}$) von 6,04 und die damit einhergehende hohe Tendenz zur Adsorption an organischen Stoffen, erklärt. Prozesse, wie der bakterielle Abbau von B[a]P in Böden, finden an den sogenannten biogeochemischen Grenzflächen (BGIs) im Boden statt. BGIs können unterschiedlicher Natur sein. Im Drei-Phasensystem Boden bestehen Grenzflächen zwischen festen, flüssigen und gasförmigen Komponenten (144). Prozesse, die innerhalb poröser Medien an den BGIs stattfinden, können nur dann besser verstanden werden, wenn dazu geeignete Visualisierungsmethoden, mit Auflösungen bis hin zu µm- und nm-Bereichen, vorhanden sind. Es gibt es eine Vielzahl an Visualisierungsmethoden, mit denen poröse Medien 3-dimensional (3D) wiedergegeben werden können. Im nachfolgenden Abschnitt werden diese Visualisierungsmethoden hinsichtlich des Visualisierungsvermögens, des Informationsgewinns sowie ihren Limitierungen verglichen.

### 2.2.2 3D-Visualisierungsmöglichkeiten

Konfokale Laserrastermikroskopie (CLSM)

Bei der CLSM wird ein Laserstrahl auf eine Probe mit geringer Oberflächenrauigkeit fokussiert. Der zu untersuchende fluoreszenzmarkierte Analyt fluoresziert, was mittels eines Lichtsensors detektiert, und so 2-dimensional visualisiert werden kann. Die Oberfläche kann, durch Einstellung der Fokusierung auf versch iene Schärfeebenen, 3-D wiedergegeben werden. Um jedoch mittels CLSM 3D-Informationen von porösen Medien, wie z.B. Bodenproben, zu erzeugen, ist es nötig mehrere Schichten zu vermessen, die dann nachträglich zu einem Bild zusammengesetzt werden können.
Mittels CLSM wurde z.B. von Rodriguez und Bishop das Wachstum eines Biofilms auf Bodengrenzflächen visualisiert (145). Bartosch et al. haben CLSM benutzt, um Bakterien in Sandsteinporen darzustellen (146). Die Vorteile der CLSM liegen in der hohen Ortsauflösung (250 nm) im Zusammenspiel mit der zerstörungsfreien Visualisierung von Proben (143). Der Nachteil liegt in der 2D-Bilderzeugung. Trotz immer besser optimierten Methoden zur Herstellung von ultradünnen Schichten, die anschließend mittels CLSM vermessen werden können, ist diese Anwendung hinsichtlich der Darstellung von 3D-Strukturen dennoch deutlich limitiert (143, 147).

### Photoakustische Tomographie (PAT)

Bei der PAT werden Lichtpulse in Form eines Laserstrahls in die zu untersuchende Probe geschickt. Diese werden von dem Analyten absorbiert. Dabei kommt es zu einer lokalen Erwärmung, welche eine Volumenexpansion zur Folge hat, die ihrerseits eine Druckwelle erzeugt. Diese kann durch Mikrofone, piezoelektrische Sensoren, oder andere Drucksensoren zeitaufgelöst detektiert werden. Zusammen mit dem Wissen über die Geschwindigkeit des Schalls in dem jeweiligen Medium, kann eine Tiefenauflösung erreicht werden. Durch die simultane Verwendung von drei zeitauflösenden Detektoren kann, aufgrund der unterschiedlichen Zeiten, die der Schall zu den drei Detektoren benötigt, eine Ortsauflösung und damit eine 3D-Visualisierung erreicht werden. Abbildung 12 zeigt das Grundprinzip der PAT.

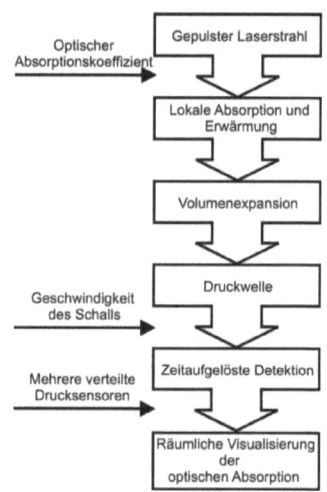

**Abbildung 12:** Grundprinzip der PAT nach Haisch (155).

Der experimentelle Aufbau der PAT kann, je nach Anwendung, sehr variieren (148). Dabei konnten, z.B. von Wang et al. hochaufgelöste Bilder von Rattenhirnen mit Auflösungen bis hin zu µm-Bereichen erzeugt werden (149). Photoakustik wird bereits seit 1973 zur medizinischen Diagnostik eingesetzt (150). Seither wurde PAT z.B. zur Analyse von Blutverteilungen, der Quantifizierung der Sauerstoffsättigung des Blutes (151) sowie auch zur Brustkrebsdetektion (152) verwendet. Diese Technik ist aber auch in anderen Forschungsgebieten einsetzbar. So wurden neben opaken Flüssigkeiten (153) z.B. auch Biofilm-Untersuchungen durchgeführt. Dabei konnte von Schmid et al. (2003) das Wachstum und die Verteilung eines Biofilms gemessen werden (154).

Positronen-Emissions-Tomographie (PET)

Zur Durchführung einer PET benötigt man neben einem PET-Scanner auch ein entsprechendes Positron-emittierendes Radionuklid. Diese werden mit Hilfe eines Zyklotrons hergestellt. Typische Radionuklide sind $^{18}$F, $^{124}$I, $^{64}$Cu, $^{11}$C oder $^{22}$Na, womit die zu untersuchende Substanzen markiert werden können. Nach deren Zugabe in die Probe treffen die emittierten Positronen auf Elektronen in der Probe, wodurch es zu einer Annihilation kommt. Dabei werden zwei antiparallele Photonen mit einer Energie von 511 keV abgegeben, die zeitlich aufgelöst an den Detektoren registriert werden. Daraus kann die räumliche Verteilung der Radinuklid-markierten Substanz in der Probe visualisiert werden. Ein Nachteil der Methode liegt in der kurzen Handhabungszeit des Radionuklids aufgrund seines radioaktiven Zerfalls. So liegt die Halbwertszeit z.B. für $^{18}$F bei nur 110 min. Gleichzeitig ermöglicht dieser Ansatz aber eine direkte, zerstörungsfreie 4D(3D und Zeit)-Visualisierung von Radionuklid-markierten Substanzen in Proben, bei einer geringen Konzentration (pikomol/L). Ein Beispiel dafür ist die Visualisierung des Flüssigkeitstransports in porösen Medien (156).

Röntgen-Mikro-Computertomographie (µ-CT)

µ-CT erzeugt ein 3D-Bild der Elektronendichteverteilung innerhalb einer Probe durch computergesteuerte Auswertung einer Serie von 2D-Röntgenprojektionen einer rotierenden Probe. Der Durchmesser des Röntgenstrahls (5 µm) limitiert eine mögliche höhere räumliche Auslösung. Auflösungen im Sub-µm-Bereich können nur mit Hilfe eines Synchrotron-erzeugten Röntgenstrahls erreicht werden (157). Wendet man diese Methode auf poröse Medien an, so kann aus der Elektronendichteverteilung der Porenraum visualisiert werden. Von verschiedenen Arbeitsgruppen wurden z.B. mittels Synchrotron-µCT die Porenstruktur, die Verteilung von Flüssigkeiten in den Poren sowie die Verteilung von Kolloiden in den Poren visualisiert (158-161).

Magnetresonanztomographie (MRT)

Eine weitere Methode zur Visualisierung und Quantifizierung dynamischer Prozesse in porösen Medien, stellt die MRT dar. So wurde MRT bereits zur Visualisierung des Transportes von Kolloiden (11, 12), Wasser (13) und Schwermetallen (14) in porösen Medien genutzt. Außerdem konnten der Fluss und die Diffusion (15, 16) sowie die räumliche und zeitliche Veränderung von Adsorption und Remobilisierung von Schwermetallen (17) gemessen werden. Olson et al. untersuchten die bakterielle Chemotaxis in porösen Medien mittels Säulenversuchen und immunomagnetisch markierten mAk gegen Bakterien (18). In einer ähnlichen Weise werden in dieser Arbeit mAk gegen B[a]P an MRT-aktive NP gekoppelt, um B[a]P, adsorbiert oder chemisch an einem porösen Medium gebunden, mittels MRT zu visualisieren. Eine detaillierte Abhandlung über die Technik der MRT ist in Absatz 2.2.4 gegeben.

In Tabelle 6 sind die oben beschriebenen Visualisierungsmethoden PAT, CLSM, PET, µ-CT und MRT im Vergleich dargestellt.

Tabelle 6: Ausgewählte Visualisierungsmethoden im Vergleich.

| Methode | Information | Räumliche Information | Auflösung (lateral / axial) | Literatur |
|---|---|---|---|---|
| PAT | zum Teil quantitative und räumliche Visualisierung der optischen Absorption in der Probe | 2D | µm-Bereich | (148, 149) |
| CLSM | 2D-Visualisierung der Fluoreszenz in der Probe | 3D- aus 2D- Bildern | 250 nm / 1 µm | (147) |
| PET | Quantitative räumliche und zeitliche Analyse von PET-Markern | 3D | 1,3 mm | (162) |
| µ-CT | Räumliche Visualisierung von Stoffen mit unterschiedlicher Elektronendichte (Porenraumvisualisierung) | 3D | 5 µm / 5 µm | (156) |
| MRT | Räumliche Visualisierung von Kontrastmitteln in der Probe | 3D | µm-Bereich | (157) |

## 2.2.3 NMR-Relaxometrie

Eine weitere, viel versprechende Methode zur Untersuchung von porösen Medien stellt die $^1$H-NMR-Relaxometrie dar. So wurde diese Methode bereits zur Bestimmung von Wassergehalten in Böden (163) oder zur Messung von Größenverteilungen von wassergefüllten Poren (164) verwendet. Van As und Van Dusschoten benutzten NMR-Methoden zur Visualisierung von Transportprozessen in porösen Medien (165).

Bei der NMR-Relaxometrie werden die magnetischen Momente der Wasserprotonen durch einen Radiofrequenzpuls angeregt. Die Relaxation dieser magnetischen Momente zurück in ihren Ausgangszustand wird gemessen und ergibt die Relaxationszeiten. Dabei beschreiben die zwei Relaxationszeiten $T_1$ und $T_2$ die Geschwindigkeit und Art der Relaxation. $T_1$ entspricht der Spin-Gitter-Relaxation und $T_2$ der Spin-Spin-Relaxation. Die Relaxationszeiten werden in porösen Medien durch die Porengröße, Oberflächenrelaxivität und Relaxivität in der Bulkphase bestimmt (166). Gleichzeitig wird die Relaxationsrate aber auch durch die Gegenwart von paramagnetischen Substanzen, entweder gebunden an der Oberfläche oder in Lösung, beeinflusst. Dieser Effekt kann genutzt werden. Die Hypothese ist, dass mit Hilfe der Kombination aus $^1$H-NMR-Relaxometrie und Ak-gekoppelten paramagnetischen NP eine Visualisierung der Antigene (B[a]P), aufgrund veränderter Relaxationszeiten, möglich ist. Dadurch gelänge es Einblicke in Prozesse zu erhalten, die die Antikörper-Antigen-Verteilung verändern (z.b. die Verteilung oder den Abbau von B[a]P).

## 2.2.4 Magnetresonanztomographie (MRT)

MRT beruht auf den physikalischen Prinzipien der NMR-Spektroskopie. Durch Anlegen eines externen Magnetfelds erfolgt eine Ausrichtung der Kernspins der Protonen in z-Richtung, der Richtung des Magnetfelds. Durch Einstrahlung eines Radiofrequenzpulses werden die Kernspins angeregt und in die xy-Richtung ausgelenkt. Das MR-Signal entsteht durch Präzession der angeregten Kernspins mit einer charakteristischen Resonanzfrequenz, der Larmorfrequenz, aus der xy-Ebene zurück in die Ausgangssituation, die z-Ebene. Das Abklingen des MR-Signals sowie das Erreichen des Ausgangszustandes sind auf die Relaxation der Spins zurückzuführen. Dabei unterscheidet man die Spin-Gitter-Wechselwirkung, auch $T_1$- oder longitudinale Relaxation genannt, und die Spin-Spin-Wechselwirkung, auch bekannt als $T_2$- oder transversale Relaxation. Die $T_1$-Relaxation ergibt sich aus der Wechselwirkung der Protonenspins mit den umgebenden Atomen, wobei Energie an die Umgebung abgegeben wird. Die Dephasierung der Spins, aufgrund ihrer Wechselwirkung mit benachbarten Spins, ist für die transversale Relaxation verantwortlich (167).

Um unterschiedliche Phasen in einem MRT-Bild zu sehen, müssen deren verschiedene Merkmale betrachtet werden. Das sind zum einen die Protonendichte, und zum anderen die $T_1$- und die $T_2$-Zeiten, die sich bspw. in organischen und wässrigen Phasen unterscheiden. Allein durch Variation dieser drei Parameter ist es möglich, genug Informationen zur Bilderzeugung zu erhalten. Um die Differenz der Signalintensitäten zu verstärken, werden sogenannte Kontrastmittel verwendet. Die wichtigste Eigenschaft dieser Kontrastmittel ist das Vorhandensein von ungepaarten Elektronen. Solche paramagnetische Substanzen sind Chelate von Metallionen wie Co(II, III), Fe(II, III) und Gd(III), als auch deren Oxide, wie bspw. Gadolinium(III)oxid. Wenn Kontrastmittel besonders ausgeprägte paramagnetische Eigenschaften besitzen, werden sie auch als superparamagnetisch bezeichnet. Ein wichtiges

Beispiel dafür sind Eisenoxid-NP, deren ungepaarte Elektronen, aufgrund der festen Anordnung der Eisenionen im Kristallgitter, eine erhöhte Beweglichkeit aufweisen (167). Der Einfluss des Kontrastmittels auf die Relaxation der Protonenspins dient dabei zur Bildgebung. Durch Wechselwirkung der Protonen mit den ungepaarten Elektronen des Gadoliniumions wird die $T_1$-Zeit verkürzt und aufgrund der schneller ablaufenden Relaxation der Protonenspins nimmt das Signal im MRT zu. Kontrastmittel, die eine Signalzunahme bewirken, werden auch positive Kontrastmittel genannt. Die superparamagnetischen Eisenoxid-NP zählen zu den negativen Kontrastmitteln, denn sie verursachen eine Abnahme des Signals, was zur Folge hat, dass die umliegenden Protonen und die zugehörige Phase im MR-Bild dunkler erscheinen. Diese Signalabnahme ist auf eine Verstärkung der Dephasierung der Protonenspins und die damit verbundene Verkürzung der $T_2$-Relaxation zurückzuführen.

## 2.2.5 $Fe_3O_4$-Nanopartikel als Kontrastmittel für MRT

Als Kontrastmittel zur Visualisierung und Quantifizierung der biogeochemischen Grenzflächen wurden in dieser Arbeit MRT-aktive NP aus $Fe_3O_4$ eingesetzt. Zu deren Herstellung gibt es mehrere Syntheserouten (Tabelle 7): Mitfällung (168, 169), die thermische Zersetzung (170), Mikroemulsion (171), Hydrothermalsynthese (172) oder die Polyolsynthese (173).

**Tabelle 7:** Übersicht über die Synthesemethoden von $Fe_3O_4$-NP (174).

| Methode | Beschreibung | Vorteile | Nachteile |
|---|---|---|---|
| Mitfällung | alkalische Fällung der NP aus wässriger Lösung | einfache Synthese | breite Größenverteilung |
| Thermische Zersetzung | Zersetzung des intermediär gebildeten Metallkomplexes | enge Größenverteilung, Form kontrollierbar | harsche Reaktionsbedingungen |
| Mikroemulsion | NP werden durch Kollision der Mikrotröpfchen mit unterschiedlichen Inhalten gebildet | Form kontrollierbar | Größe des Ansatzes ist beschränkt |
| Hydrothermalsynthese | Bildung über Phasentransfermechanismus an Grenzflächen der flüssigen, festen und Lösungsphase | enge Größenverteilung, kontrollierbare Form | hoher Druck und hohe Temperaturen |
| Polyolsynthese | Erhitzen der Edukte in hoch siedenden Polyolen | Beschichtung durch Polyol | Reaktionsbedingungen |

Bei der Methode der thermischen Zersetzung wird aus den verwendeten Metallsalzen in hoch siedenden Lösungsmitteln, durch Zugabe von Tensiden, ein Metallkomplex als Intermediat gebildet. Dieser zerfällt beim Erhitzen über die Zersetzungstemperatur. Die Vorteile dieser Methode sind einerseits die sehr enge Größenverteilung der entstehenden NP, und andererseits die Kontrolle ihrer Größe und Form. Allerdings sind die Reaktionsbedingungen weniger mild, da hohe Temperaturen zur Zersetzung der Metallkomplexe erreicht werden müssen. Diese liegen bspw. beim Eisenoleatkomplex, welchen Park et al. bei der Synthese von $Fe_3O_4$ in situ aus Eisen(III)chlorid herstellten, bei 240 bis 320 °C (170).

Unter der umgekehrten Mikroemulsion versteht man die feine Verteilung von kleinen Wassertröpfen in einem hydrophoben Lösungsmittel. Bei der Synthese werden wässrige Lösungen der verwendeten Metallsalze unter Zugabe eines Tensides wie Natriumbis(2-ethylhexyl)sulfosuccinat hergestellt und diese in einem hydrophoben Lösungsmittel wie Oktan, Isooktan oder Toluol emulgiert (171). Die Fällung der NP erfolgt innerhalb der Mizellen, angeregt durch Kollisionen mit Mizellen, in denen basische Lösungen enthalten sind. Die Größe der NP hängt mit der Größe der Mizellen zusammen, welche auch als „Nanoreaktoren" bezeichnet werden. Beeinflusst wird die Größe dieser Mizellen wiederum vom Molverhältnis Wasser zu Tensid (174).

Eine weitere Methode, die zur Synthese von MRT-aktiven NP angewendet wird, ist die Hydrothermalsynthese. Sie läuft über einen Phasentransfermechanismus an den Grenzflächen der flüssigen, der festen und der Lösungsmittelphase ab. Auf diese Weise konnte Deng et al. monodisperse $Fe_3O_4$-NP herstellen (172). Die Vorteile dieser Methode sind sowohl eine enge Größenverteilung der synthetisierten NP, als auch die Möglichkeit, ihre Form zu kontrollieren. Allerdings werden hoher Druck und hohe Temperaturen zur Kristallisation benötigt.

Die Polyolsynthese (173) beschreibt die Bildung der NP durch Erhitzen der Ausgangsstoffe in hoch siedenden Polyolen wie Glykol, Diethylenglykol (DEG) oder Glycerin. Dabei fungiert das verwendete Polyol sowohl als Lösungsmittel der Reaktion, als auch als Reagenz zur Bildung einer Schutzschicht auf der Oberfläche der NP.

Unter den oben beschriebenen Methoden, Ak-gekoppelte magnetische und MRT-aktive NP zu synthetisieren, ist der nasschemische Weg der Mitfällung die bekannteste und einfachste Möglichkeit, magnetische Eisenoxid($Fe_3O_4$ bzw. $\gamma$-$Fe_2O_3$)-NP mit bestimmten Eigenschaften zu synthetisieren. Dabei können die Größe, die Größenverteilung, die Zusammensetzung und manchmal auch die Form der NP durch Parameter wie Art der Eisensalze (Chlorid, Sulfat, Nitrat oder Perchlorat usw.), Reaktionskondition (Temperatur, Rührgeschwindigkeit,

Sauerstoff bzw. Schutzatmosphäre, Konzentration der Edukte, usw.), pH-Wert oder Ionenstärke, beeinflusst und gesteuert werden. In der Mehrheit der Fälle wird Magnetit durch alkalische Fällung (NaOH, NH$_4$OH, etc.) von Eisensalzen (Fe$^{2+}$ und Fe$^{3+}$; molares Verhältnis 1:2) synthetisiert. Das hergestellte Magnetit ist schwarz, was eine optische Unterscheidung vom braunroten und ebenfalls magnetischen γ-Fe$_2$O$_3$ ermöglicht. Fe$_3$O$_4$-NP und γ-Fe$_2$O$_3$-NP zeigen superparamagnetisches Verhalten bei Raumtemperatur und werden für klinische MRT Applikationen verwendet. Um Ak oder andere Biomoleküle an diese NP zu koppeln und diese gleichzeitig in wässrigen Lösungen zu stabilisieren, sind verschiedenste Oberflächenmodifikationen in der Literatur beschrieben. Eine Möglichkeit ist, die NP in einer Polymer- oder Tensid-Lösung zu fällen. Suzuki et al. gelang es so Dicarboxypolyethylenglykol(DCPEG)- und Diaminopolyethylenglykol(DAPEG)-umhüllte NP zu synthetisieren, die anschließend mit mAks gekoppelt wurden (175). Die PEGylierung wurde ebenfalls von anderen Arbeitgruppen durchgeführt (176, 177). Weitere Polymere, die oftmals zur nichtkovalenten Umhüllung von NP verwendet werden, sind Dextrane (178, 179), Polyvinylalkohole (180) oder Fettsäuren (181). Für kovalente Oberflächenmodifikationen auf Eisenoxid-NP werden Silanisierungsreagenzien wie (3-Aminopropyl)triethoxysilan (APTES) oder 3-Glycidyloxypropyltrimethoxysilan (GOPTS) verwendet. So können Biomoleküle direkt (182) an den funktionellen Amino- oder Epoxy-Gruppen sowie an kovalent gebundenen Polymeren wie PEG (183) immobilisiert werden.

Magnetische Eisenoxid-NP wurden bereits für eine Vielzahl an Anwendungen synthetisiert und verwendet. Dazu zählen Hyperthermie (21, 175), Pharmakotherapie (20), IMS (22, 23), Immunoassay (22, 24, 25), Bioterrorismusabwehr (19) und MRT. Innerhalb des Gebietes der MRT wurden Eisenoxid-NP als Kontrastmittel (26) und Nanosensoren verwendet. Kaittanis et al. z.B. verwendeten Eisenoxid-NP zur Detektion von Bakterien in Mich oder Blut mittels MRT (27). Außerdem wurden Magnetit-markierte mAk zur Quantifizierung von bakterieller Chemotaxis in porösen Medien mittels MRT eingesetzt (18). Allerdings gibt es noch keine Anwendung von Ak-gekoppelten MRT-aktiven NP zur Visualisierung von Schadstoffen in porösen Medien.

# TEIL III

# ERGEBNISSE UND DISKUSSION

# 3 ERGEBNISSE UND DISKUSSION

## 3.1 Anreicherung von Viren aus großen Wasservolumina (30 m³) mittels Crossflow-Ultrafiltration

Die hier beschriebene Methode zur Anreicherung von Viren aus großen Wasservolumina (30 m³) ist schematisch in Abbildung 13 erklärt.

**Abbildung 13:** Prinzip des zweistufigen CUF-Prozesses, kombiniert mit einer monolithischen Affinitätsfiltration, gefolgt von quantitativer Analyse mittels qRT-PCR oder analytischen Mikroarrays.

In einem primären CUF-Anreicherungsschritt werden 30 m³ Wasser auf ein Volumen von 20 L konzentriert. Dieses Eluat wird in einem sekundären CUF-Anreicherungsschritt auf ein Volumen von 100 mL reduziert. In einem finalen Anreicherungsschritt wird dieses Eluat mittels MAF auf ein Volumen von 1 mL reduziert. Das geringe Endvolumen (1 mL) kann durch das geringe Totvolumen der monolithischen Säule erreicht werden. Da die Viren durch die monolithische Säule angereichert und von störenden Matrixbestandteilen getrennt werden, kann das finale Eluat direkt mit bioanalytischen Methoden, wie Plaque-Assay, qRT-PCR oder Mikroarray analysiert werden. Während sich diese Arbeit mit der Entwicklung und Charakterisierung der zwei CUF-Anreicherungsanlagen sowie der Kombination aller Komponenten befasst, ist die Entwicklung der MAF sowie die Entwicklung und Etablierung der Detektionsmethoden, Teil der Dissertationen von Lu Pei und Sandra Lengger. Als Modellvirus wurde in dieser Arbeit der Bakteriophage MS2 verwendet. Dieser ist leicht zu kultivieren und nicht humanpathogen. Zudem sind die Detektionsverfahren, wie Plaque-Assay und qRT-PCR bereits Stand der Technik.

In dem nachfolgenden Ergebnisteil werden die einzelnen Anreicherungselemente (CUF-Anlage 1, CUF-Anlage 2 und MAF) für sich charakterisiert. Dabei erfolgte die Quantifizierung von MS2 mittels Plaque-Assay. Anschließend wird das kombinierte Verfahren zur Anreicherung und Analyse von Viren aus 10-L- sowie 30.000-L-Wasserproben gezeigt und charakterisiert. Dabei erfolgte die Quantifizierung von MS2 sowohl mittels Plaque-Assay, als auch mittels qRT-PCR. Die Kombination des hier entwickelten Anreicherungssystems mit Mikroarray-Detektion wurde ebenfalls erfolgreich durchgeführt, ist aber Teil der Dissertation von Sandra Lengger.

### 3.1.1 Aufbau der CUF-Anlage 1

Der Aufbau der CUF-Anlage 1 basiert grundlegend auf dem Crossflow-Mikrofiltrations-System von Peskoller et al. (188). Allerdings mussten alle Bauteile hochskaliert werden. Die Anlage ist auf einem massiven Stahlgerüst (S) montiert, welches mittels Hubwagen transportiert werden kann. Die Abmessungen der Anlage betragen 2,60 m x 1,20 m x 0,80 m (h x b x t) was es ermöglicht, die Anlage mit dem Institutseigenen Bus zu transportieren. Ein Foto der konstruierten Anlage ist in Abbildung 14 zu sehen.

**Abbildung 14:** Konstruierten CUF-Anlage 1 mit Beschriftung der wesentlichen Komponenten laut Beschreibung des Aufbaus.

Eine Kreiselpumpe (P1) lässt die Probe mit einer Volumenrate von ca. 10.000 L/h, bei einer angenommenen Förderhöhe von 16 m, durch das Ultrafiltrationsmodul zirkulieren. Dabei ist entscheidend, dass die Kreiselpumpe selbstansaugend ist, sobald der Vorratsbehälter der Pumpe mit Wasser gefüllt ist. Die Pumpvolumenrate kann mittels eines Frequenzumformers (C1) reguliert werden. Das Ultrafiltrationsmodul (U) ist ein Hohlfasermodul bestehend aus einer speziellen Multibore® Membran, die im Gegensatz zu normalen Hohlfasern nicht brechen kann. Die Membran besteht aus Polyethersulfon, hat eine Porengröße von 20 nm, eine Membranfläche von 6,0 m$^2$ und eine Permeabilität von 1000 L/h*m$^2$*bar. Dabei wurde die Membranfläche so gewählt, dass eine Filtration von 30 m$^3$ Wasser innerhalb eines Tages durchführbar ist. Gleichzeitig muss die Membran der Pumpvolumenrate angepasst sein, um optimale Crossflow-Bedingungen zu erreichen. Ein größeres Ultrafiltrationsmodul würde eine Pumpe mit höherer Pumpleistung bedingen. Das Ultrafiltrationsmodul wurde senkrecht angeordnet, was eine bessere Entlüftung ermöglicht. Die vier Ventile (V1-4) sind manuell zu bedienende Kugelventile. Drucksensoren (D1-3) sowie Flusssensor sind an die vorherrschenden Drücke und Flussraten angepasst und können an den jeweiligen Anzeigen analog ausgelesen werden. Das Filtrat tritt aus dem Ultrafiltrationsmodul aus und wird über ein schaltbares (C2) Dreiwegeventil entweder in den Druckbehälter oder über einen Schlauch in ein beliebiges Reservoir geleitet. Damit ist eine automatische Befüllung des Rückspüldruckbehälters gewährleistet. Am Ende des Schlauches befindet sich eine Wasseruhr (W), mit der die filtrierte Menge abgelesen werden kann. Die Rückspüleinheit (R) besteht aus einem Edelstahl-Druckbehälter mit einem Fassungsvermögen von 24 L, der über den Kompressor (K) und einen Druckregulierer mit einem Druck von 2,5 bar beaufschlagt wird. Darüber hinaus ist auf der CUF-Anlage ein Generator montiert, der alle elektrischen Geräte (Pumpen, Kompressor, Schalteinheiten) mit Strom versorgt. Ein 4 m langer elastischer Saugschlauch aus Edelstahl, angeschlossen an V1, ermöglicht das Filtrieren von unzugänglichen Gewässern. Ein Kunststofftank (T) mit einem Fassungsvermögen von 1000 L dient als Reservoir. An V3 ist ein handelsüblicher Kunststoffschlauch angeschlossen, der zur Konditionierung des Systems nötig ist. Mikroorganismen können über ein Luer-Lock-Einspritzventil (L) und eine Spritzenpumpe (P2) kontinuierlich der Filtration zugesetzt werden. Das Gesamtgewicht der CUF-Anreicherungsanlage 1 beläuft sich im gefüllten Zustand auf ca. 300 kg.

## 3.1.2 Charakterisierung der CUF-Anlage 1

Die Charakterisierung der CUF-Anreicherungsanlage 1 (Abbildung 14) erfolgte zunächst hinsichtlich TMP und Filtratfluss bei unterschiedlichen Betriebsmodi CUF und DEUF. Dazu wurden Dauerfiltrationsversuche durchgeführt. 30.000 L Trinkwasser wurden mittels DEUF und 10.000 L Trinkwasser mittels CUF filtriert. In Abbildung 15 wurde das filtrierte Volumen gegen die Zeit aufgetragen, um den Filtratfluss und eine mögliche Abnahme desselben zu berechnen.

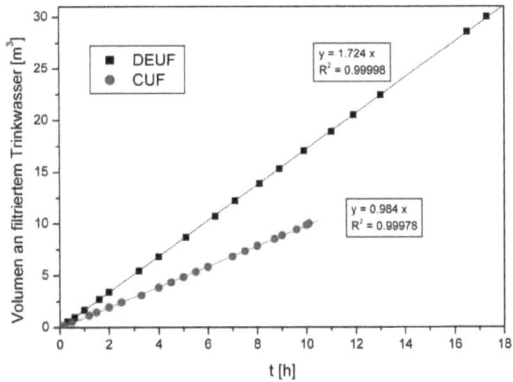

**Abbildung 15:** Bestimmung des Filtratflusses der CUF-Anreicherungsanlage 1 bei den unterschiedlichen Betriebsmodi CUF (n = 20, m = 1) und DEUF (n = 18, m = 1).

Gleichzeitig wurde der TMP stündlich kontrolliert. Aus Abbildung 15 wird deutlich, dass sowohl während der CUF von 10.000 L Trinkwasser, als auch der DEUF von 30.000 L Trinkwasser der Filtratfluss konstant bei 984 L/h (CUF) bzw. 1724 L/h (DEUF) liegt. Es erfolgt keine Abnahme des Filtratflusses mit Zunahme des filtrierten Volumens, was darauf schließen lässt, dass keine signifikante Porenverblockung des CUF-Moduls durch die im Trinkwasser vorhandenen Partikel auftritt. Die Beobachtung des TMP, der ebenfalls über die gesamte Filtration stabil bei 0,45 bar (CUF) bzw. 0,65 bar (DEUF) bleibt, liefert ein ähnliches Ergebnis. Somit ist gezeigt, dass es möglich ist, mit der aufgebauten CUF-Anreicherungsanlage 1 ein Volumen von mindestens 30.000 L Trinkwasser anzureichern.

Die Trübungsbestimmung des verwendeten Münchner Trinkwassers, sowie des Eluates der Anreicherung von 30.000 L Trinkwasser mittels DEUF (Tabelle 8) zeigt allerdings auch, dass das hier verwendete Trinkwasser sehr partikelarm ist.

**Tabelle 8:** Wasseranalysen des in dieser Arbeit verwendeten Münchner Trinkwassers sowie des Eluates nach Anreicherung von 30.000 L Trinkwasser mittels CUF-Anreicherung 1.

|  | Trinkwasser | 20-L-Eluat nach Anreicherung von 30.000 L Trinkwasser |
|---|---|---|
| Trübung [NTU] | 0,08 ± 0,02 (n = 3) | 3,32 ± 0,43 (n = 3) |
| pH | 5,99 | 6,98 |
| Leitfähigkeit [µS/cm] | 475 | 502 |
| c(Fe) [µg/L] | 371,7 ± 3,9 (n = 3) | 514,2 ± 5,0 (n = 3) |
| c(Mn) [µg/L] | 0,5 ± 0,0 (n = 3) | 18,3 ± 0,9 (n = 3) |
| c(MS2) [GU/mL] | - | - |

Mit einer Trübung von 0,08 NTU liegt das Trinkwasser, das aus dem Leitungssystem des IWCs entnommen wurde, im unteren Trübungsbereich üblichen Trinkwassers (Trübung zwischen 0,02 und 0,5 NTU (184)). Zudem wurden das Trinkwasser und das Eluat auf die beiden Elemente Fe und Mn, denen ein Membranfoulingverhalten zugesprochen wird (185), mittels ICP-MS analysiert. Durch Oxidationsprozesse während der Filtration werden beide Elemente zu unlöslichen Metalloxiden umgewandelt (186). Diese werden teilweise größenspezifisch angereichert. Das verwendete Trinkwasser enthält eine hohe Konzentration an Fe (0,4 mg/L), die den Grenzwert der Trinkwasserverordnung (0,2 mg/L) überschreitet. Die Mangankonzentration liegt mit 0,5 µg/L deutlich unter dem Grenzwert von 50 µg/L. Nach der Filtration kann eine Anreicherung an Mn um das 40-fache festgestellt werden, während die Eisenkonzentration nahezu konstant bleibt. Die Ursache für dieses Verhalten ist noch ungeklärt und sollte in weiteren Experimenten geklärt werden. Beide Wasserproben wurden zudem mittels qRT-PCR auf Vorhandensein von MS2 untersucht. Es konnte allerdings, wie zu erwarten war, weder im Trinkwasser, noch im Eluat der Anreicherung von 30.000 L Trinkwasser MS2 gefunden werden. Allerdings zeigte sich in der Schmelzkurvenanalyse der PCR-Produkte des Eluates eine unselektive Amplifikation, die nicht von MS2 herrührten (Abbildung 16).

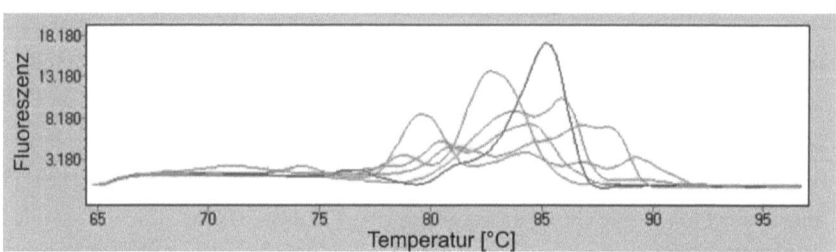

**Abbildung 16:** Schmelzkurvenanalyse der qRT-PCR-Produkte des Eluates der Anreicherung von 30.000 L Trinkwasser (grüne Kurven) und Trinkwasser aufgestockt mit MS2 als Positivkontrolle (rote Kurve).

Dies eröffnet eine mögliche neue Anwendung der CUF-Anreicherungsanlage 1: die Entdeckung neuer Viren in Wasserkörpern. Daran arbeitet die Arbeitsgruppe um den Virologen Prof. Drosten mittels Pyrosequenzierung. Voraussetzung, um aus flüssigen Proben unbekannte Viren zu entdecken, ist dabei eine Viruskonzentration von ca. $10^6$ Viren/mL in einem möglichst kleinen Volumen (< 1 mL) (187). Diese hohe Konzentration kann nur mit sehr effektiven Anreicherungssystemen erreicht werden, die gleichzeitig einen hohen volumetrischen Anreicherungsfaktor haben.

Anreicherung von MS2 aus Wasserproben

Zur Bestimmung der Wiederfindungsraten der CUF-Anreicherungsanlage 1 wurde je eine 1000-L-Trinkwasserprobe in den Betriebsmodi CUF und DEUF filtriert. Während der Filtration wurden je $10^{10}$ GU MS2 mittels einer Spritzenpumpe kontinuierlich über den gesamten Filtrationsverlauf zudosiert. Die Wiederfindungsraten wurden sowohl mittels Plaque-Assay-, als auch mittels qRT-PCR-Messungen bestimmt. Das Ergebnis der Wiederfindungsexperimente ist in Tabelle 9 zu sehen. Die Wiederfindungsraten liegen in einem ähnlichen Bereich wie die der CUF-Anreicherungsanlage 1 (31 ± 8%). Dabei lag die Wiederfindung im CUF-Modus mit 45,4 ± 23,3 (n = 1) höher als im DEUF-Modus (19,3 ± 13,6; n = 1). Hinsichtlich der Wiederfindung zeigt dies den positiven Einfluss der geringeren Deckschichtbildung im CUF-Modus.

Tabelle 9: Zusammenfassung der Ergebnisse der Wiederfindungsexperimente der CUF-Anreicherungsanlage 1.

|  | DEUF | CUF |
|---|---|---|
| TMP [bar] | 0,40 | 0,40 |
| Filtratfluss [L/h] | 1655 | 851 |
| MS2 Wiederfindung [%]; bestimmt mittels Plaque-Assay | 23,0 ± 3,2 (n = 1) * | 29,7 ± 5,5 (n = 1) * |
| MS2 Wiederfindung [%]; bestimmt mittels qRT-PCR | 19,3 ± 13,6 (n = 1) * | 45,4 ± 23,3 (n = 1) * |

*Standardabweichung der jeweiligen Nachweismethode (n = 3).

Zusammenfassung der Ergebnisse der CUF-Anlage 1

Es wurde eine mobile CUF-Anlage aufgebaut, die z.B. für Vor-Ort-Untersuchungen von Wasserproben verwendet werden kann. Durch den Einbau der Ventile lässt sich die Anlage in den Betriebsmodi CUF und DEUF betreiben. Die Anlage ist in der Lage, große Trinkwasservolumina (30 m$^3$) innerhalb eines Tages zu bewältigen. Der konstante Filtratfluss und TMP lässt darauf schließen, dass sogar noch größere Volumina ohne Verblockung der Membran filtrierbar sind. Zudem wurde ein vollständiger Anreicherungsprozess, bestehend aus Konditionierung, Filtration und Elution mittels Rückspülung entwickelt, der es ermöglicht Viren aus großen Wasservolumina anzureichern. Die Wiederfindungsraten liegen, ersten Experimenten zur Folge, mit ca. 30% in einem vertretbaren Rahmen. Eine vollständige Charakterisierung der CUF-Anlage 1 hinsichtlich der Wiederfindungsraten für MS2 in einem großen Konzentrationsbereich soll in weiterführenden Arbeiten untersucht werden. Des Weiteren muss die Kompatibilität der Anlage zu anderen Gewässern, die eine höhere Matrixbelastung aufweisen (z.B. Roh- und Oberflächenwasser) gezeigt werden.

### 3.1.3 Aufbau der CUF-Anlage 2

Der Aufbau der CUF-Anlage 2 basiert auf dem Crossflow-Mikrofiltrations-System von Peskoller et al. (188). Eine schematische Zeichnung sowie ein Foto der konstruierten Anlage sind in Abbildung 17 zu sehen.

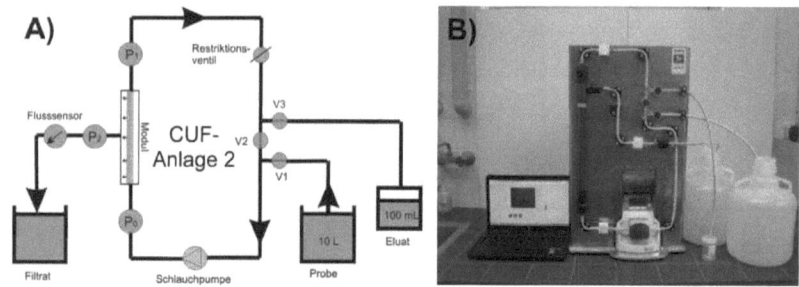

**Abbildung 17:** A) Schematische Zeichnung und B) Foto der CUF-Anlage 2.

Eine Schlauchpumpe lässt die Probe mit einer Volumenrate von max. 219 L/h durch das Ultrafiltrationsmodul zirkulieren. Das Ultrafiltrationsmodul ist ein Hohlfasermodul bestehend aus einer speziellen Multibore®-Membran, die im Gegensatz zu normalen Hohlfasern nicht brechen kann. Die Membran besteht aus Polyethersulfon, hat eine Porengröße von 20 nm, eine Membranfläche von 0,2 m$^2$ und eine Permeabilität von 1000 L/h*m$^2$*bar. Das Ultrafiltrationsmodul wurde im Gegensatz zu Peskoller et al. senkrecht montiert, um eine bessere Entlüftung zu gewährleisten. Ventile, Drucksensoren und der Flusssensor wurden vom Aufbau von Peskoller et al. übernommen und über einen Computer und der Software LabView angesteuert. Die Schlauchpumpe wurde manuell bedient.

### 3.1.4 Charakterisierung der CUF-Anlage 2

Die CUF-Anreicherungsanlage 2 wurde zunächst in einem Laboraufbau zusammengestellt (Abbildung 18).

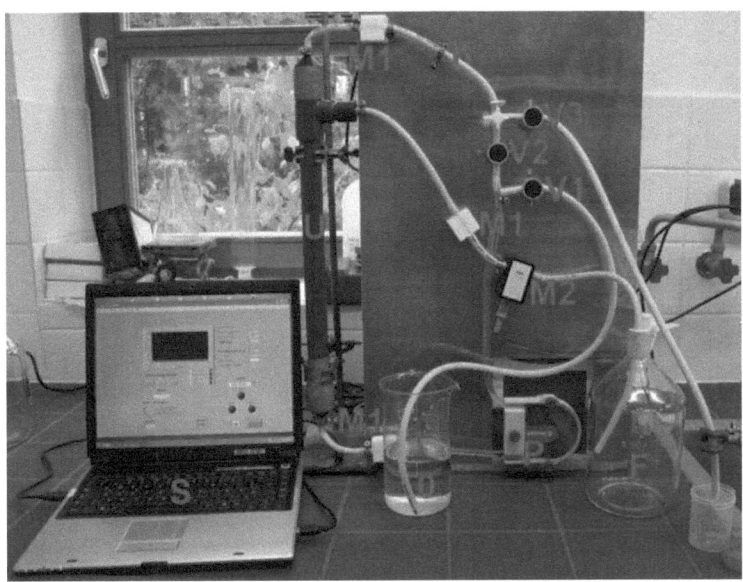

**Abbildung 18:** Laboraufbau der CUF-Anreicherungsanlage 2 mit Beschriftung der wesentlichen Komponenten. U: CUF-Modul; M1: Drucksensoren; M2: Durchflusssensor; P: Schlauchpumpe; K: Schlauchklemme als Restriktionsventil; V1-V3: Magnetventile; S: Steuercomputer; 0: Probe; F: Filtrat; E: Eluat.

Drucksensoren, Durchflusssensor und Magnetventile konnten über den Steuerrechner und die entsprechende Steuersoftware (LabView) geschaltet und ausgelesen werden. Die Pumpe wurde manuell bedient.

<u>Membrancharakterisierung</u>

Das Kernstück der Anlage war ein CUF-Modul der Fa. Inge GmbH mit einer Membranfläche von 0,2 m². Zur Sicherstellung der einwandfreien Funktionstätigkeit des Moduls wurde zunächst die Permeabilität der Membran für reines Wasser bestimmt. Dazu wurde ultrareines Wasser im Filtrationsmodus filtriert und der TMP stufenweise durch Zudrehen des Restriktionsventils erhöht. Die Permeabilität (P) ergab sich aus der Steigung der Ausgleichsgeraden (Abbildung 19), geteilt durch die Membranfläche, und wurde auf 945 L/h bar m² bestimmt.

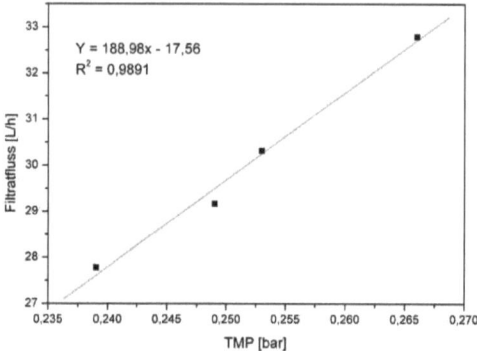

**Abbildung 19:** Permeabilitätsbestimmung des CUF-Moduls mit einer Membranfläche von 0,2 m² (n = 4, m = 1).

Dies ist in guter Übereinstimmung mit dem vom Hersteller angegebenen Wert von 1000 L/h bar m². Bei Abweichungen der ermittelten Permeabilität von mehr als 500 L/h bar m² muss davon ausgegeangen werden, dass die Membran nicht mehr funktionsfähig ist. Dies ist z.B. bei Porenbrüchen der Fall. Wird die Membran trocken gelagert, reißen die Nanoporen auf und Viren, wie z.B. MS2, können in das Filtrat gelangen. So wurden in einem Anreicherungsversuch mit einer CUF-Membran mit einer Permeabilität von 1600 L/h bar m² 15% der Bakteriophagen im Filtrat gefunden, während bei allen Versuchen mit CUF-Membranen mit einer Permeabilität von 1000 L/h bar m² keine Bakteriophagen im Filtrat gefunden werden konnten.

Eine weitere wichtige Charakterisierungsmöglichkeit eines CUF-Prozesses ist die Bestimmung der Crossflowgeschwindigkeit ($v_{CF}$) in den Multiborefasern des CUF-Moduls. Die Crossflowgeschwindigkeit berechnet sich nach Formel 2 als Quotient des Flusses des zu fördernden Mediums und der Anströmfläche des CUF-Moduls.

$$v_{CF} = \frac{F}{A} = \frac{F}{m_K \cdot n_F \cdot \frac{\pi}{4} \cdot d^2} \quad (2)$$

mit   $v_{CF}$ = Crossflowgeschwindigkeit
F = Fluss [m³/s]
A = Anströmfläche [m²]
d = Durchmesser einer Kapillare
$n_F$ = Anzahl an Fasern
$m_K$ = Anzahl an Kapillaren je Faser

Bei maximaler Volumenrate von 3644 mL/min ergibt sich ein Fluss von 6,07 x $10^{-5}$ $m^3$/s. Das CUF-Modul besteht, wie in Abbildung 20 gezeigt, aus 24 Fasern mit je 7 Kapillaren, die einen Durchmesser von 0,9 mm aufweisen.

**Abbildung 20:** CUF-Modul der Firma Inge GmbH mit 0,2 $m^2$ Membranfläche.

Somit ergibt sich eine Crossflowgeschwindigkeit von 0,57 m/s. Optimale Crossflow-Bedingungen herrschen jedoch erst zwischen einer Crossflowgeschwindigkeit von 1,5 – 2 m/s (189). Diese optimalen Bedingungen würden erst bei drei-facher Volumenrate bzw. einem Drittel der Membranfläche erreicht. Eine Schlauchpumpe mit diesen bzw. höheren Volumenraten war allerdings nicht erhältlich. Somit könnte lediglich die Anzahl der Kapillaren reduziert werden. Es sind z.B. CUF-Module der Fa. Inge GmbH mit 0,1 $m^2$ Membranfläche und der halben Anzahl an Kapillaren erhältlich. Dadurch könnte eine Crossflowgeschwindigkeit von 1,14 m/s erreicht werden, was den optimalen Crossflow-Bedingungen bereits sehr nahe kommt. Ob dies einen positiven Einfluss auf die Wiederfindungen von Mikroorganismen hat, muss in weiterführenden Arbeiten untersucht werden.

Anreicherung von MS2 aus Wasserproben

Peskoller et al. haben für die Anreicherung von *E. coli* mittels Crossflow-Mikrofiltration eine Abhängigkeit der Wiederfindung vom TMP gefunden (188). Dies galt es für die neu aufgebaute CUF-Anreicherungsanlage 2 zu untersuchen. Dazu wurden Wiederfindungsversuche mit MS2-aufgestockten 10-L-Trinkwasserproben bei unterschiedlichen TMP (0,2 und 0,4 bar) durchgeführt. Der TMP wurde mittels des Restriktionsventils vor Beginn der

Filtration eingestellt. Ein TMP von 0,2 bar entspricht dem minimalen TMP, das heißt, ein vollständig geöffnetes Restriktionsventil. Während bei einem TMP von 0,2 bar stabile Wiederfindungsraten von 27 ± 8% (n = 4) gefunden worden sind, sank die Wiederfindung bei der mehrmaligen Filtration bei einem TMP von 0,4 bar von 19% auf 4% und schließlich 1%. Dieses Ergebnis konnte in einem zweiten Versuch (dreimaliges Anreichern einer 20-L-Trinkwasserprobe, aufgestockt mit MS2) bestätigt werden, was darauf hindeutet, dass eine Anreicherung mit einem TMP von 0,4 bar zu einer irreversiblen Verschlechterung der Wiederfindung aufgrund von Membranfouling führt. Als optimale Bedingungen für die CUF-Anreicherungsanlage 2 wurde daraufhin der minimale TMP von 0,2 bar festgelegt.

Zur Bestimmung der Wiederfindungsraten der CUF-Anreicherungsanlage 2 wurden fünfzehn 10-L-Trinkwasserproben mit MS2 aufgestockt (c = 0,2 – 2 x $10^4$ PFU/mL) und mit den optimierten Anreicherungsbedingungen auf 100 mL konzentriert. Das Ergebnis der Wiederfindungsexperimente ist in Abbildung 21 zu sehen.

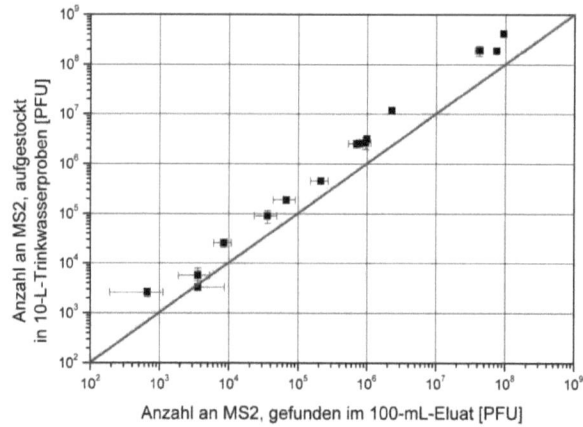

**Abbildung 21:** Wiederfindungsexperimente zur Anreicherung von MS2 in 10-L-Trinkwasserproben mittels CUF-Anreicherungsanlage 2 (n = 15, m = 1); Rote Linie entspricht einer fiktiven Wiederfindung von 100%.

Es konnten stabile Wiederfin-dungsraten von 31 ± 8% (n = 11) über einen Konzentrationsbereich von 9 – 2 x $10^4$ PFU/mL bestimmt werden. Im niedrigeren Konzentrationsbereich (0,2 – 3 PFU/mL) konnten im Eluat lediglich wenige Plaques (< 10 Plaques/Platte) gezählt werden. Die Auswertung dieser Platten liefert Wiederfindungen von 58 ± 38% (n = 4). Entsprechend der EN ISO 10705-1:2001 ist allerdings nur dann eine Quantifizierung möglich, wenn mehr als 10 Plaques/Platte ausgezählt werden können. Andernfalls ergibt sich eine hohe Standardabweichung.

### 3.1.5 Charakterisierung der MAF

Die Herstellung, Optimierung und Durchführung der MAF ist Teil der Dissertation von Lu Pei. Zur Charakterisierung der MAF wurden acht 100-mL-Trinkwasserproben mit MS2 aufgestockt (c = 7,0 x $10^1$ – 3,2 x $10^3$ PFU/mL) und auf 1 mL eingeengt. Dabei wurden Wiederfindungen von 110 ± 19% (n = 5) erreicht. Die Kapazität der in dieser Arbeit verwendeten monolithischen Säule wurde mit MS2-aufgestocktem Trinkwasser auf $10^5$ PFU bzw. 5 x $10^6$ GU bestimmt.

### 3.1.6 Anreicherung von 10-L-Proben mittels einer Kombination von CUF-Anlage 2 und MAF

<u>Bestimmung der Wiederfindungsraten für kombiniertes Anreicherungssystem</u>

Ein Ziel dieser Arbeit war es, eine Methode zu entwickeln, um Viren in 10-L-Wasserproben nachzuweisen. Dazu wurde die Kombination der beiden Anreicherungsstufen CUF-Anreicherung 2 und MAF mit qRT-PCR als Detektionsmethode charakterisiert. 10-L-Trinkwasserproben, aufgestockt mit MS2, wurden mittels CUF-Anreicherung 2 auf 100 mL und anschließend mittels MAF auf 1 mL eingeengt. Um reale Bedingungen zu simulieren, wurden die 10-L-Proben auf Konzentrationen zwischen 5,3 x $10^{-1}$ – 1,1 x $10^3$ GU/10 L eingestellt, da MS2 in diesem Konzentrationsbereich in Realwässern gefunden wird. Die Wiederfindungsexperimente verdeutlichten einen Trend. Mit zunehmender Konzentration nahm die Wiederfindung von 97,2% auf ca. 10% ab. Die hohen Wiederfindungen für Probe 1 und 2 (97,2 und 56,6%; Tabelle 10) zeigen mit den Ergebnissen der Einzelcharakterisierung der CUF-Anreicherung 2, dass die Wiederfindung der CUF-Anreicherung 2 für niedrige Konzentrationen höher als 31% ist.

**Tabelle 10:** Zusammenfassung der Wiederfindungsexperimente der kombinierten Anreicherung (CUF-Anreicherung 2 und MAF)

| Probennummer | c(MS2) [GU/mL] | Wiederfindung [%] |
|---|---|---|
| 0 | 0 | - |
| 1 | 0,53 | 97,2 ± 28,9 (n = 3) |
| 2 | 2,20 x $10^1$ | 56,6 ± 8,1 (n = 3) |
| 3 | 3,10 x $10^2$ | 9,4 ± 3,2 (n = 3) |
| 4 | 1,12 x $10^3$ | 10,6 ± 5,0 (n = 3) |

Die sinkende Wiederfindungsrate kann außerdem durch die limitierte Kapazität der monolithischen Säule erklärt werden. Probe 3 war mit 3,1 x $10^6$ GU MS2 aufgestockt, was in etwa der maximalen Kapazität (5 x $10^6$ GU) der Säule entspricht. Gleichzeitig muss darauf geachtet werden, dass die Kapazität der Säule mit aufgestocktem Trinkwasser bestimmt wurde, während in diesem Fall durch CUF angereichertes Trinkwasser verwendet wurde. Ein Einfluss der angereicherten Matrix des Trinkwassers auf die Kapazität der Säule kann nicht ausgeschlossen werden. Alle eingesetzten Konzentrationen und die dazu korrespondierenden Wiederfindungen sind in Tabelle 10 wiedergegeben.

Um den Anreicherungsfaktor des kombinierten Anreicherungssystems zu bestimmen, wurde die Nachweisgrenzen (NWG) der Detektionsmethode (qRT-PCR) mit der NWG des kombinierten Systems (Anreicherung und Detektion) verglichen. Zur Bestimmung der NWG wurde das resultierende Fluoreszenzsignal aus der qRT-PCR eines bestimmten PCR-Zyklus gegen die gegebene Konzentration der zu analysierenden Probe aufgetragen. Diese Methode zur Bestimmung der NWG eines qRT-PCR Systems wurde 2011 von Donhauser et al. publiziert (190). Der PCR Zyklus wurde so gewählt, dass die meisten Datenpunkte im linearen Bereich der sigmoidalen Kalibrierkurve liegen. Die daraus resultierenden Kalibrierkurven sind in Abbildung 22 zu sehen.

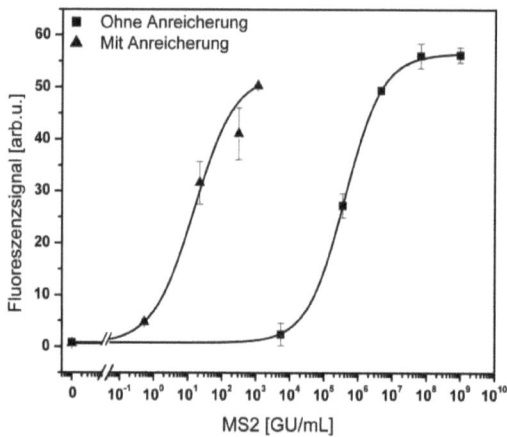

**Abbildung 22:** Sigmoidale Kalibrierkurve für MS2 in Wasser, gemessen mit qRT-PCR ohne und mit Anreicherung mittels CUF 2 und MAF (n = 6, m = 3).

Um die Kalibrierkurve ohne Anreicherung und damit die NWG der qRT-PCR alleine zu erhalten, wurde eine Verdünnungsreihe von MS2 in Trinkwasser mit qRT-PCR gemessen und die Fluoreszenzsignale des 40ten Zyklus gegen die Konzentrationen aufgetragen. Die NWG wurde auf 79,5 GU/mL berechnet. Zur Generierung der Kalibrierkurve des kombinierten Systems wurden fünf 10-L-Trinkwasserproben mittels CUF-Anreicherung 2 und MAF auf

1 mL eingeengt und ebenfalls mit qRT-PCR gemessen. Das resultierende Fluoreszenzsignal des 42ten Zyklus wurde gegen die Ausgangskonzentrationen der 10-L-Proben aufgetragen, um die Kalibrierkurve und daraus die NWG des kombinierten Systems zu berechnen. Es ergab sich eine NWG von 0,0056 GU/mL für das kombinierte System. Zusammenfassend lässt sich sagen, dass die NWG der qRT-PCR für MS2 in Wasserproben von 79,5 GU/mL mit Hilfe des Anreicherungssystems (CUF-Anreicherung 2 und MAF) auf 0,0056 GU/mL verbessert werden konnte. Dies entspricht einem Faktor von 1,4 x $10^4$, der in guter Übereinstimmung zum theoretischen volumetrischen Anreicherungsfaktor von 1 x $10^4$ liegt.

<u>Anwendung des kombinierten Anreicherungssystems zur Quantifizierung von MS2 in Realproben</u>

Das kombinierte System bestehend aus CUF2-MAF-Anreicherung und qRT-PCR-Detektion wurde mit Realwasserproben getestet, um die Fähigkeit als schnelle und sensitive Methode zur Virenanalytik in Umweltwasserproben zu demonstrieren. Eine 10-L-Trinkwasserprobe, sowie zwei 10-L-Oberflächenwasserproben aus einem städtischen (Teltow-Kanal, Berlin) und einem alpinen Fluss (Mangfall, München) wurden analysiert. Die Wasserprobe des Teltow Kanals repräsentiert aufgrund der hohen Menge an darin enthaltenen Algen und organischen Partikeln eine schwierige Matrix (191), die die Ultrafiltrationsmembran verstopfen könnte. Darüber hinaus stellt der hohe Matrixgehalt eine Herausforderung an die MAF dar. Abbildung 23 verdeutlicht diese Problematik und die hohen Anforderungen an das Anreicherungssystem.

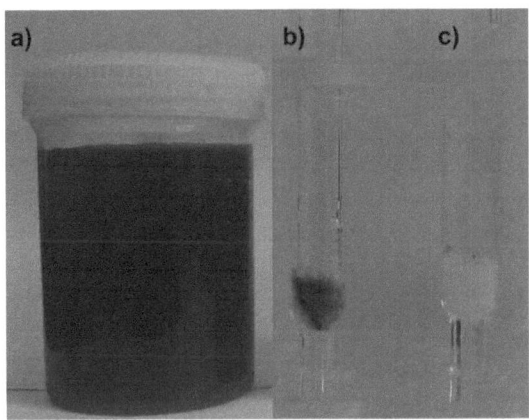

**Abbildung 23:** 100-mL-Eluat nach CUF-Anreicherung einer 10-L-Wasserprobe aus dem Teltow-Kanal (a) und monolithische Säule nach (b) und vor MAF des 100-mL-Eluates (c).

Die Matrixbestandteile der Wasserprobe werden durch die CUF zusammen mit den Mikroorganismen angereichert und würden eine nachfolgende Detektionsmethode wie qRT-PCR inhibieren. Deshalb ist eine Strategie zum Abtrennen der Matrixbestandteile essentiell. Während der MAF laufen die meisten Matrixbestandteile durch die Poren der monolithischen Säule, während die Mikroorganismen adsorptiv an dem Säulenmaterial haften, und so mit einem geeigneten Elutionspuffer in einem sehr kleinen Volumen (1 mL) aufgereinigt erhalten werden können. Im Teltow-Kanal konnte mit dem hier gezeigten CUF-MAF-qRT-PCR-System eine Konzentration von $3,2 \times 10^3 \pm 0,3 \times 10^3$ GU/mL nachgewiesen werden. Im Vergleich dazu war die Konzentration an MS2 in der Mangfall nur bei $8,6 \pm 2,5$ GU/mL. Im Münchner Leitungswasser konnten, wie erwartet, keine MS2 nachgewiesen werden (Tabelle 11).

Tabelle 11: Zusammenfassung der gemessenen Konzentrationen an MS2 in Realproben.

|  | Teltow-Kanal | Mangfall | Münchner Trinkwasser |
|---|---|---|---|
| c(MS2) [GU/mL] | $3,2 \times 10^3 \pm 0,3 \times 10^3$ (n = 3) | $8,6 \pm 2,5$ (n = 3) | n.d. |

Die Ergebnisse der Untersuchung der kombinierten CUF-MAF-Anreicherung sind in GU/mL angegeben. Die Kalibrierung der qRT-PCR erfolgte gegen einen RNA-Standard, was analytisch eindeutiger ist als die Kalibrierung gegen die mittels Plaque-Assay bestimmte MS2-Konzentration. Mehrere Faktoren können die Infektiosität von Viren in Realwasserproben beeinflussen. Daher ist eine Kalibrierung der qRT-PCR gegen im Labor hergestellte Viren nicht vergleichbar. Nichtsdestotrotz wurden die Konzentrationen der Realwasserproben auch mittels einer qRT-PCR, kalibriert gegen PFU, bestimmt. Die Ergebnisse waren zwischen einer und zwei Größenordnungen niedriger für PFU (Teltow-Kanal: $6,14 \times 10^1 \pm 0,46 \times 10^1$ PFU/mL; Mangfall: $0,44 \pm 0,08$ PFU/mL) als für GU (Teltow-Kanal: $3,2 \times 10^3 \pm 0,3 \times 10^3$ GU/mL; Mangfall: $8,6 \pm 2,5$ GU/mL). Diese Ergebnisse zeigen, dass nur ein Teil der MS2-Bakteriophagen in der Lage ist, Plaques zu bilden. Dieser Effekt kann ebenso in der Literatur gefunden werden (192).

<u>Zusammenfassung, Anwendungsmöglichkeiten und Ausblick der CUF-MAF-Anreicherung</u>

Das hier beschriebene Konzept der Anreicherung von 10-L-Wasserproben mittels einer Kombination aus CUF und MAF stellt eine schnelle, effektive und automatische Methode zur Quantifizierung von Viren in geringen Konzentrationen dar. Der zweistufige Anreicherungsprozess konzentriert Viren aus einer 10-L-Probe mit einem volumetrischen

Faktor von 10.000 auf ein Endvolumen von 1 mL innerhalb von 30 min. Die Gesamtwiederfindung wurde für kleine MS2-Konzentrationen optimiert (97,2% bei 5,3 x $10^{-1}$ GU/mL). Das resultierende und aufgereinigte Eluat der MAF (1 mL) kann direkt und ohne weitere Aufarbeitung mittels qRT-PCR, Plaque-Assay oder Mikroarray (siehe Dissertation Sandra Lengger) gemessen werden.

Der kombinierte Prozess aus CUF, MAF und qRT-PCR erlaubt eine Quantifizierung von MS2 in verschiedenen Gewässern bis zu einer Konzentration von 0,0056 GU/mL innerhalb von 4 h. Dies ermöglicht neue Möglichkeiten der schnellen Virusanalytik in Gewässern. Die beschriebene Methode kann z.B. für Monitoring-Anwendungen verwendet werden: Sowohl zur Analytik vieler Proben im Labor, als auch zur Beprobung vor Ort. Dazu wurde ein transportables, kombiniertes Gerät aus CUF und MAF entwickelt und als Gebrauchsmuster angemeldet (193) (Abbildung 24), das vollautomatisch Viren aus Wasserproben auf eine monolithische Säule anreichert.

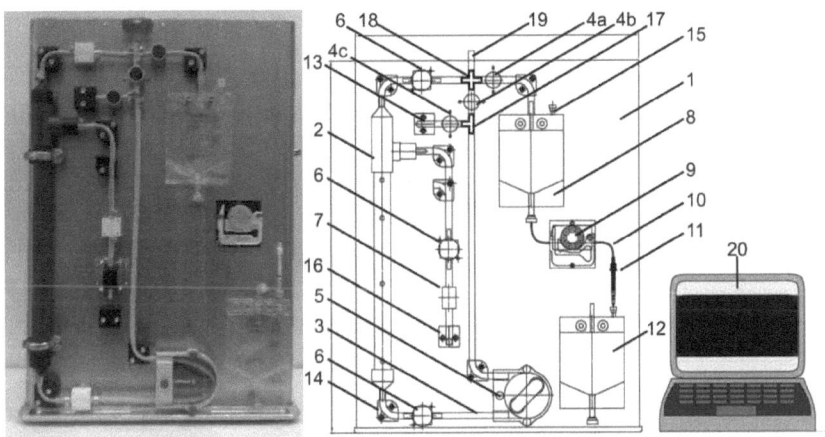

**Abbildung 24:** Foto (links) und schematische Zeichnung (rechts) des zum Gebrauchsmuster angemeldeten mobilen Anreicherungsgeräts mit Beschriftung der Einzelkomponenten. 1: Tragbares Gehäuse; 2: CUF-Modul; 3: auswechselbares Schlauchsystem; 4: Magnetventile; 5: Schlauchpumpe; 6: Druckmesssensoren; 7: Durchflusssensor; 8: Sterilbeutel; 9: Schlauchpumpe; 10: auswechselbares Schlauchsystem; 11: monolithische Säule; 12: Sterilbeutel; 13: Schlauchdurchführung; 14: Schlauchführungen; 15: Septum zum Einstellen des pH Wertes für MAF; 16: Schlauchdurchführung; 17: 3-Wege-Schlauchverbinder; 18: Vier-Wege-Schlauchverbinder; 19: Schnellkupplungsanschluss; 20: Computer.

Die monolithische Säule kann aus dem Gerät entnommen werden und zur Elution der Viren in ein Labor transportiert bzw. geschickt werden. Damit könnte z.B. eine Risikocharakterisierung von Kläranlagen bei Stark- und Schwachregen durchgeführt werden, um den Einfluss des Klimawandels auf die menschliche Gesundheit abzuschätzen (48).

Die Methode, hier angewandt auf den Testorganismus MS2, kann für alle Arten von Mikroorganismen verwendet werden. Mit CUF werden alle Mikroorganismen, die größer als die Porengröße der Membran (20 nm) sind, simultan angereichert. Auch mit MAF ist eine simultane Anreicherung von Mikroorganismen möglich. Die einzige Bedingung ist hier, dass der pH-Wert der anzureichernden Probe kleiner als der isoelektrische Punkt aller anzureichernden Mikroorganismen ist. Als mögliche Detektionsmethode zur parallelen und gleichzeitigen Quantifizierung mehrerer Mikroorganismen wird künftig die Mikroarraytechnologie verwendet (190).

Die Anreicherung einer 10-L-Probe zur Analytik von Oberflächengewässer ist ausreichend. Nichtsdestotrotz könnten mit dieser Methode auch größere Volumina angereichert werden, was einzig zu einer verlängerten Anreicherungsdauer der CUF führen würde. Zur Analytik von sehr großen Wasservolumina (< 1000 L) wurde eine hochskalierte CUF-Anlage entwickelt, die in der Lage ist, diese großen Volumina zu bewältigen und gleichzeitig mit der hier beschriebenen Anreicherungsmethode kompatibel ist. Das Konzept dazu wird im nächsten Abschnitt beschrieben.

## 3.1.7 Anreicherung von 30.000-L-Wasserproben mittels einer Kombination von CUF-Anlage 1, CUF-Anlage 2 und MAF

Das Hauptziel dieser Arbeit war es, eine Methode zu entwickeln, um Viren in 30.000-L-Wasserproben nachzuweisen. Dazu wurden die drei Anreicherungmethoden CUF-Anreicherung 1, CUF-Anreicherung 2 und MAF in Kombination mit qRT-PCR als Detektionsmethode charakterisiert. 30.000-L-Trinkwasserproben, aufgestockt mit MS2, wurden mittels CUF-Anreicherung 1 auf 20 L, mittels CUF-Anreicherung 2 auf 200 mL, und anschließend mittels MAF auf 1 mL eingeengt. Während der DEUF mit der CUF-Anreicherungsanlage 1 wurden je $10^{10}$ GU MS2 mittels einer Spritzenpumpe kontinuierlich über den gesamten Filtrationsverlauf zudosiert. Die Wiederfindungsraten wurden sowohl mittels Plaque-Assay, als auch mittels qRT-PCR-Messungen nach jedem Anreicherungsschritt bestimmt. Das Ergebnis des Wiederfindungsexperimentes ist in Tabelle 12 zu sehen.

**Tabelle 12:** MS2-Wiederfindungsraten nach den jeweiligen Anreicherungsstufen (n = 1).

|  | CUF 1 | CUF 1–CUF 2 | CUF 1–CUF 2–MAF |
|---|---|---|---|
| MS2-Wiederfindung [%] bestimmt mit Plaque-Assay | 7,6 ± 7,1 (n = 1) ** | 1,4 ± 0,5 (n = 1) ** | 0,06 |
| MS2-Wiederfindung [%] bestimmt mit qRT-PCR | 38,6 ± 30,1 (n = 1) ** | 10,9 ± 3,0 (n = 1) ** | 0,03* |

\* 0,03% entspricht 5 x 10$^6$ GU MS2, dem Kapazitätslimit der monolithischen Säule.
\*\*Standardabweichung der jeweiligen Nachweismethode (n = 3).

Nach Anreicherung der 30.000-L-Trinkwasserprobe mittels DEUF auf ein Volumen von 20 L wurde mittels qRT-PCR eine Wiederfindung von 38,6 ± 30,1% bestimmt. Diese liegt deutlich höher als die mittels Plaque-Assay bestimmte Wiederfindung (7,6 ± 7,1). Eine mögliche Erklärung ist eine Inaktivierung der Bakteriophagen während der 18,5 h dauernden Filtration. Noch deutlicher wird die Diskrepanz zwischen qRT-PCR und Plaque-Assay nach der anschließenden Anreicherung des 20-L-Eluates auf 200 mL mittels CUF-Anreicherungs-anlage 2 innerhalb 1 h. Die mittels qRT-PCR bestimmte Wiederfindung von 10,9 ± 3,0% entspricht dem erwarteten Wert zweier kombinierter Anreicherungsmethoden mit den bestimmten Wiederfindungsraten von je ca. 30%. Auch hier weicht der mittels Plaque-Assay bestimmte Wert deutlich ab (1,4 ± 0,5%), was einer Inaktivierung von ca. 90% der MS2-Phagen entspräche. Eine andere mögliche Erklärung ist die Agglomeration der Bakteriophagen während des Filtrationsprozesses. Agglomerierte Bakteriophagen sind im Plaque-Assay nicht von einzelnen Phagen zu unterscheiden. Um diese Ergebnisse zu deuten, müssen weitere Experimente gemacht und analysiert werden. Das 200-mL-Eluat wurde anschließend mittels MAF innerhalb von 21 min weiter angereichert und in einem Volumen von 1 mL eluiert. Abbildung 25 zeigt die monolithische Säule im zeitlichen Verlauf der MAF und verdeutlicht die Matrixbelastung von 30.000 L angereichertem Trinkwasser.

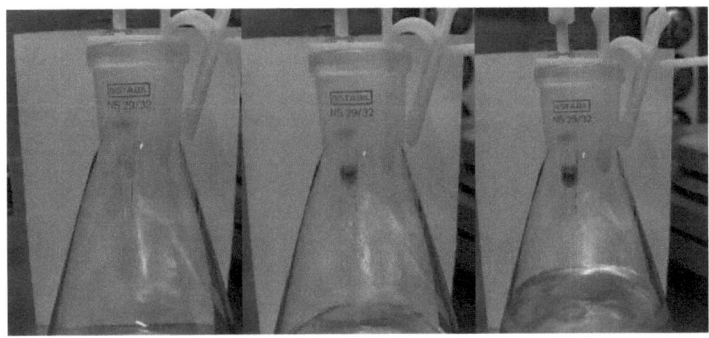

**Abbildung 25:** Monolithische Säule nach 5 min (links), 10 min (mittig) und 20 min (rechts) MAF.

Nach MAF konnten mittels qRT-PCR nur Wiederfindungen von 0,03% bestimmt werden. Berechnet man die Anzahl an MS2, entspricht eine Wiederfindung von 0,03% allerdings einem Wert von $6,0 \times 10^6 \pm 1,2 \times 10^6$ GU, was das Kapazitätslimit der monolithischen Säule ist. Somit ist anzunehmen, dass alle überschüssigen Bakteriophagen im Durchfluss zu finden waren. Dies muss in weiterführenden Arbeiten gezeigt werden.

Somit ist die Anreicherung von MS2 aus 30.000 L Trinkwasser mittels CUF 1, CUF 2 und MAF durch die geringe Kapazität der verwendeten monolithischen Säule auf eine sehr geringe Virenkonzentration von max. 0,2 GU/mL beschränkt. Für diese und kleinere Konzentrationen ist jedoch eine Gesamtwiederfindung von 1 - 10% als realistisch anzunehmen. Um die Limitierung der Anwendung durch die geringe Kapazität der monolithischen Säule zu umgehen, wird im IWC an der Entwicklung von größeren monolithischen Säulen mit höheren Kapazitäten (Abbildung 26) gearbeitet. Gleichzeitig ist es mit diesen größeren monolithischen Säulen denkbar, die Anreicherung einer 30.000-L-Trinkwasserprobe mittels CUF-Anreicherung 1, kombiniert mit MAF, zu bewerkstelligen.

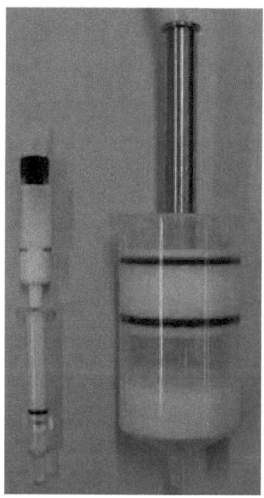

**Abbildung 26:** Monolithische Säule, die im Rahmen dieser Arbeit zur MAF verwendet wurde (links), im Vergleich zu einer größeren monolithischen Säule (rechts).

Die Anreicherung der 30.000-L-Trinkwasserprobe konnte insgesamt in etwa 20 h durchgeführt werden. Gleichzeitig konnte gezeigt werden, dass das finale Eluat von 1 mL zur Quantifizierung sowohl mittels Plaque-Assay, als auch mittels qRT-PCR geeignet ist. Kombiniert man die Anreicherung mit qRT-PCR, ist die Quantifizierung von MS2 in 30.000 L Trinkwasser innerhalb von 24 h möglich.

## 3.2 Visualisierung von Benzo[a]pyren in porösen Medien mittels Antikörper-gekoppelten superparamagnetischen Nanopartikeln (AkMNP)

### 3.2.1 Herstellung und Charakterisierung der AkMNP

Die Synthese der DCPEG-umhüllten und Ak-gekoppelten MNP ist schematisch in Abbildung 27 dargestellt.

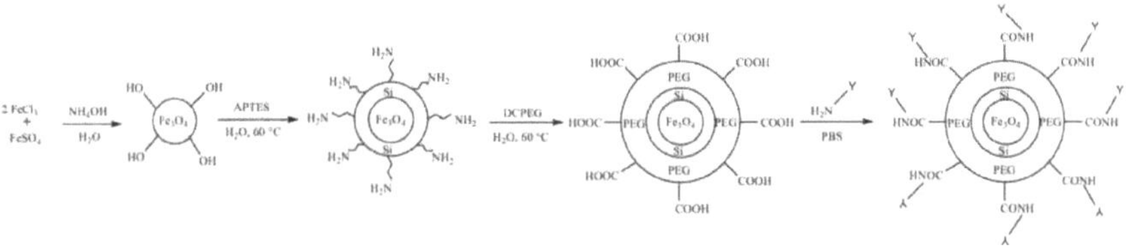

**Abbildung 27:** Schema der Synthese von AkMNP.

Nach einer gemeinsamen Fällungsreaktion von $Fe^{2+}$- und $Fe^{3+}$-Ionen unter alkalischen Bedingungen wurde eine reaktive Aminogruppe (-$NH_2$) auf die Oberfläche der NP mittels Silanisierung eingeführt. Das vorpolymerisierte APTES reagierte mit den freien Hydroxylgruppen (-OH) an der Oberfläche der NP in einer Hydrolysereaktion zu einer kovalenten Bindung. Im nächsten Schritt wurde DCPEG über die Carboxygruppen (-COOH) kovalent mit den zuvor eingeführten Aminogruppen auf der Oberfläche unter Ausbildung einer Peptidbindung verknüpft. Jetzt konnte der Ak mit seinen Aminogruppen der schweren Kette mit den freien Carboxygruppen des angebundenen DCPEG über eine weitere Peptidbindung verknüpft werden. Mit dieser Methode konnten Polymer-stabilisierte Ak-gekoppelte MNP synthetisiert werden, bei denen alle Komponenten kovalent an die NP gebunden sind.

Die mineralische Phase der Eisenoxid-NP wurde mittels Mössbauer-Spektroskopie identifiziert. Das Mössbauer-Spektrum (Abbildung 28) besteht aus zwei Sextetten mit Magnetfeldern am Kernort (B1 und B2) von 46,1 T und 49,2 T.

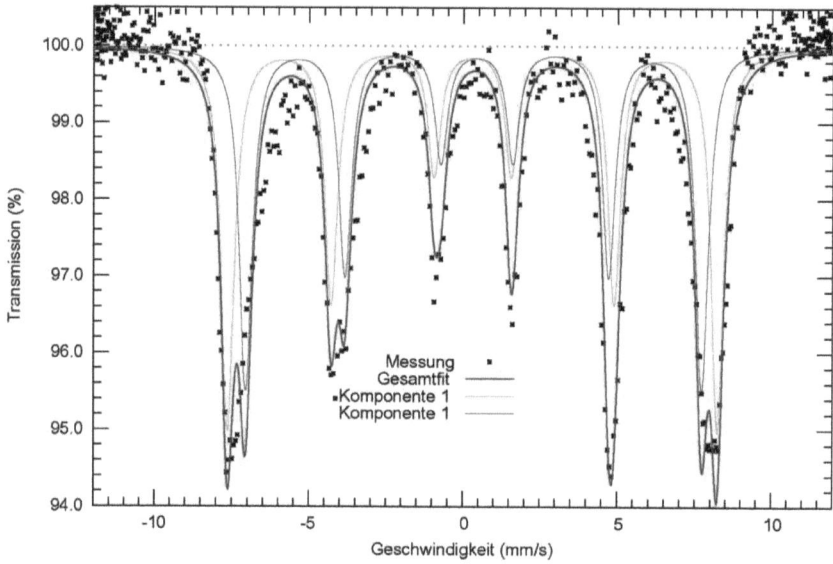

**Abbildung 28:** Mössbauer-Spektrum der gefällten Eisenoxid-NP.

Die Isomerieverschiebungen (IS) sind 0,16 mm/s und 0,56 mm/s, während die elektrische Quadrupolaufspaltung (Q) ≈ 0 mm/s für beide Eisenspezies ($Fe^{3+}$ und $Fe^{2+}$) beträgt. Diese Werte sind in guter Übereinstimmung mit den Ergebnissen von Wagner und Wagner (194) für Magnetit (siehe Tabelle 13), was bestätigt, dass die mineralische Phase der synthetisierten NP aus Magnetit besteht.

**Tabelle 13:** Vergleich der Mössbauer-Spektroskopie Ergebnisse von synthetisierten Eisenoxid-NP mit Literaturwerten für Magnetit.

|  | Synthetisierte Eisenoxid-NP | Magnetit (Wagner und Wagner (194)) |
| --- | --- | --- |
| B1; B2 [T] | 46,1; 49,2 | 46,1; 49,2 |
| IS [mm/s] | 0,16; 0,56 | 0,15; 0,56 |
| Q [mm/s] | 0 | 0 |

Die weitere Charakterisierung der NP erfolgte mittels FT-IR. Die NP-Oberfläche wurde nach jedem Syntheseschritt bis zum Endprodukt (AkMNP) analysiert. Abbildung 29 zeigt das FT-IR-Spektrum von $Fe_3O_4$ (a), $Fe_3O_4$-APTES (b), $Fe_3O_4$-APTES-DCPEG (c) und reinem DCPEG (d).

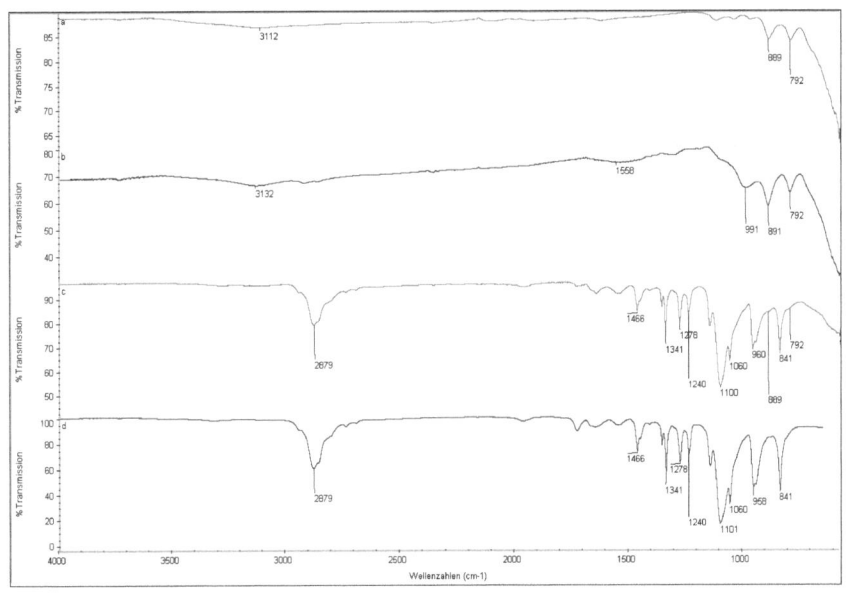

**Abbildung 29:** FT-IR-Spektren von a) $Fe_3O_4$, b) $Fe_3O_4$-APTES, c) $Fe_3O_4$-APTES-DCPEG und d) DCPEG.

Das Spektrum von $Fe_3O_4$ zeigt Absorptionsbanden bei 792 $cm^{-1}$ und 889 $cm^{-1}$, was den Vibrationsschwingungen von Hydroxygruppen auf der NP-Oberfläche entspricht. Außerdem ist eine weitere breite Absorptionsbande zwischen 500 $cm^{-1}$ und 700 $cm^{-1}$ zu sehen, die der Fe-O-Streckschwingung in $Fe_3O_4$ zuzuordnen ist. Im Spektrum von $Fe_3O_4$-APTES sieht man, neben den charakteristischen Schwingungen für $Fe_3O_4$, Absorptionsbanden bei 991 $cm^{-1}$ (Schwingung der Si-O-H-Bindung) und 1558 $cm^{-1}$ (Schwingung der Aminogruppe). Diese belegen eine erfolgreiche Silanisierung, und damit die Umhüllung der NP mit APTES. Vergleicht man das Spektrum von $Fe_3O_4$-APTES-DCPEG mit reinem DCPEG, so findet man alle charakteristischen Absorptionsbanden in beiden Spektren (z.B.: C-O-H-Streckschwingung bei 1101 $cm^{-1}$, C-H-Schwingung bei 2879 $cm^{-1}$). Neben den für DCPEG charakteristischen Absorptionsbanden, sind im Spektrum von $Fe_3O_4$-APTES-DCPEG auch die für $Fe_3O_4$ charakteristischen Banden bei (792 $cm^{-1}$, 889 $cm^{-1}$, 500 – 700 $cm^{-1}$) zu finden. Insgesamt kann die schrittweise Umhüllung der NP mit APTES und DCPEG, wie in Abbildung 27 schematisch gezeigt, bestätigt werden.

Um die relativen Massenanteile der einzelnen Bestandteile (Fe$_3$O$_4$, APTES und DCPEG) der mehrschichtigen NP zu bestimmen, wurde eine ICP/MS-Analyse durchgeführt. Die gemessenen Massenanteile an Fe und Si sowie die daraus folgenden Massenanteile der verschiedenen Bestandteile der NP sind in Tabelle 14 zusammengestellt.

**Tabelle 14:** Relative Massenanteile der einzelnen Bestandteile bezogen auf die Gesamtmasse der NP.

|  | Fe [%] | Fe$_3$O$_4$ [%] | Si [%] | APTES [%] | DCPEG [%] |
|---|---|---|---|---|---|
| **Fe$_3$O$_4$** | 72.4 | 100 | - | - | - |
| **Fe$_3$O$_4$-APTES** | 51.5 | 71.1 | 3.7 | 28.9 | - |
| **Fe$_3$O$_4$-APTES-DCPEG** | 21.7 | 30.0 | 1.6 | 12.2 | 57.8 |

Der mittels ICP/MS bestimmte prozentuale Magnetit-Anteil von Fe$_3$O$_4$-APTES-DCPEG (30,0%) wurde mittels TG/DTA-Analyse bestätigt. Der absolute Gewichtsverlust der Fe$_3$O$_4$-APTES-DCPEG-NP betrug 73,2% (Abbildung 30), was einen Anteil an Fe$_3$O$_4$ von 26,8% ergibt.

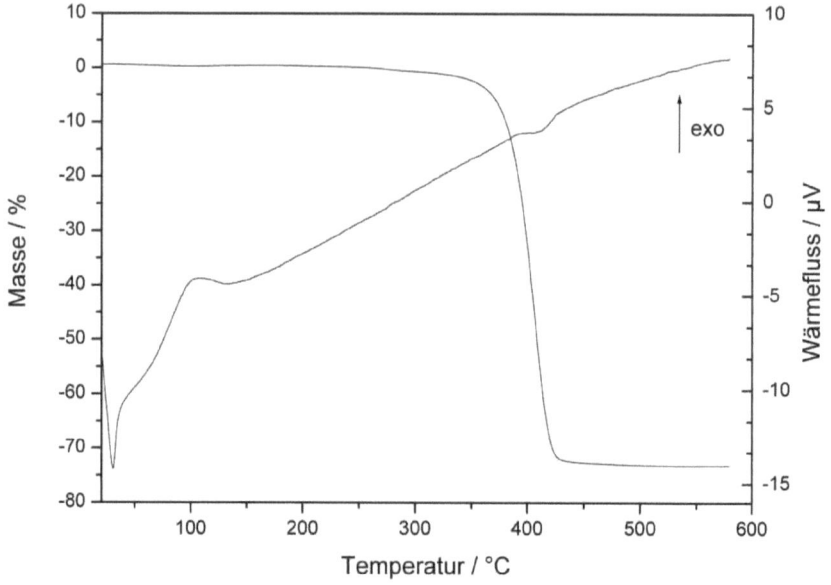

**Abbildung 30:** TG/DTA-Kurve von Fe$_3$O$_4$-APTES-DCPEG-NP.

In Abbildung 31 sind die UV/Vis-Spektren von $Fe_3O_4$, $Fe_3O_4$-APTES, $Fe_3O_4$-APTES-DCPEG und $Fe_3O_4$-APTES-DCPEG-Ak gezeigt.

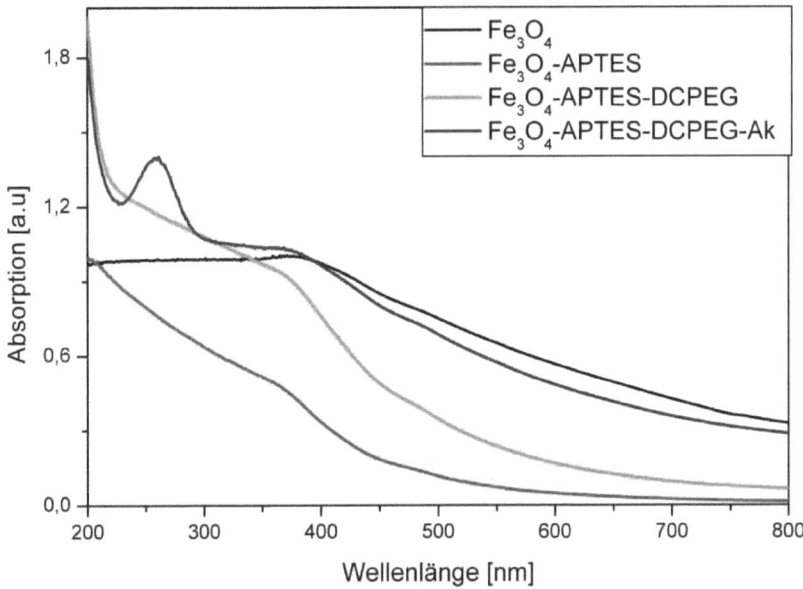

**Abbildung 31:** UV/Vis-Spektrum von $Fe_3O_4$ (schwarz), $Fe_3O_4$-APTES (rot), $Fe_3O_4$-APTES-DCPEG (grün) und $Fe_3O_4$-APTES-DCPEG-Ak (blau)

Die absoluten Absorptionen variieren aufgrund unterschiedlicher gemessener Konzentrationen an NP. Alle vier Kurven zeigen ein typisches Verhalten für NP. Nach der Kopplung des Ak kann die Ak-spezifische Absorptionsbande bei 280 nm deutlich gesehen werden, was ein Beweis für die erfolgreiche Kopplung des Ak an die NP ist.

Die Menge an Ak, die an die MNP gekoppelt wurde, konnte mittels Bradford-Test auf 15,0 ± 4,2 µg Ak/mg NP (n = 3) bestimmt werden. Aus der eingesetzten Menge von 25 µg Ak auf 0,5 mg NP lässt sich eine Kopplungseffizienz von 29.9 ± 8.4% (n = 3) berechnen.

Zur Charakterisierung der Größe und Größenverteilungen der NP wurde eine Vielzahl an Methoden verwendet. Neben den Standardmethoden wie dynamische Lichtstreuung (DLS), Rasterelektronenmikroskopie (REM) oder Transmissionselektronenmikroskopie (TEM) wurden auch Methoden wie Nanopartikel-Tracking-Analyse (NTA) (195) und asymmetrische

Fluss-Feldflussfraktionierung (AF$^4$) (196) zur Größencharakterisierung verwendet. Eine Zusammenfassung aller Ergebnisse ist in Tabelle 15 gegeben.

**Tabelle 15:** Mittlere Partikelgrößen von $Fe_3O_4$, $Fe_3O_4$-APTES, $Fe_3O_4$-APTES-DCPEG und $Fe_3O_4$-APTES-DCPEG-Ak aus verschiedenen Messmethoden.

|  | NTA [nm] | DLS [nm] | REM [nm] | TEM [nm] | AF$^4$ [nm] |
|---|---|---|---|---|---|
| $Fe_3O_4$ | - | - | - | 10 | - |
| $Fe_3O_4$-APTES | - | 107 ± 13 (n = 3) | 127 ± 50 (n = 30) | - | 114 |
| $Fe_3O_4$-APTES-DCPEG | 279 ± 57 (n = 1) | 301 ± 25 (n = 3) | 225 ± 44 (n = 30) | - | 270 |
| $Fe_3O_4$-APTES-DCPEG-Ak | - | 445 ± 25 (n = 3) | - | - | - |

Die Größe des $Fe_3O_4$-Kerns wurde mittels TEM auf 10 nm bestimmt. Nach Silanisierung mit APTES erhält man größere, agglomerierte Teilchen mit einer schmalen Größenverteilung. Die drei unterschiedlichen Methoden DLS, REM und AF$^4$ ergaben hierbei ähnliche mittlere Partikelgrößen (107, 127 und 114 nm). Derselbe Effekt kann ebenfalls nach Umhüllung mit DCPEG beobachtet werden. Hier wurden vier Methoden (DLS, REM, NTA und AF$^4$) angewandt, die ebenfalls ähnliche mittlere Partikelgrößen ergaben (301, 225, 279 und 270 nm). Unter Berücksichtigung des Polydispersitätsindex (PDI) der DLS-Messungen hat nur $Fe_3O_4$-APTES (PDI = 0,17) eine schmale Partikelgrößenverteilung (0,1 < PDI < 0,2). $Fe_3O_4$-APTES-DCPEG (PDI = 0,27) und $Fe_3O_4$-APTES-DCPEG-Ak (PDI = 0,44) haben bezogen auf die Literatur (197) breite Partikelgrößenverteilungen (0,2 < PDI < 0,5).

Die $Fe_3O_4$-APTES-DCPEG-NP können in Wasser sehr leicht dispergiert werden. Dabei entsteht eine Suspension, die über mehrere Wochen stabil ist. Genauere Stabilitätsuntersuchungen sind in dem Forschungsbericht von Susanne Mayer zu finden (198).

Die magnetischen Eigenschaften von $Fe_3O_4$, $Fe_3O_4$-APTES und $Fe_3O_4$-APTES-DCPEG wurden mittels SQUID charakterisiert. Abbildung 32 zeigt die typischen RT-Magnetisierungskurven.

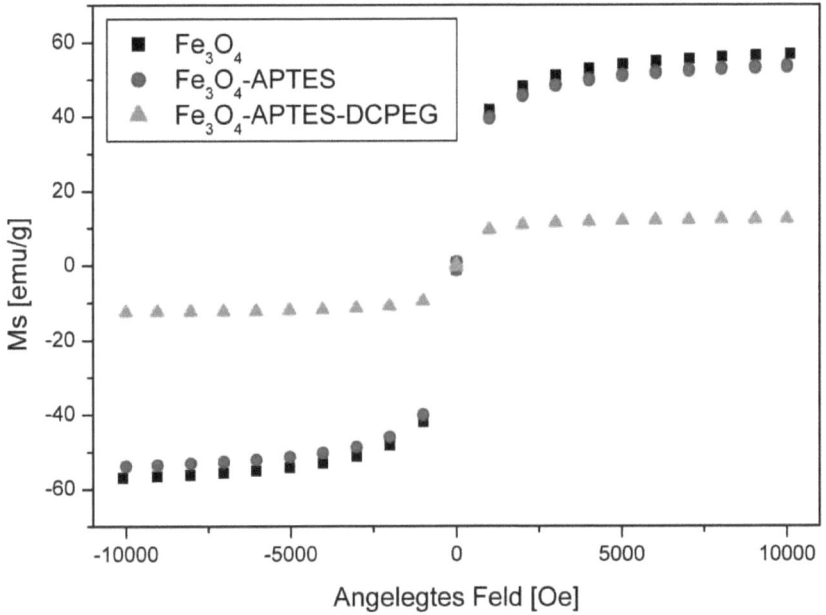

**Abbildung 32:** Magnetisierungskurven von Fe$_3$O$_4$ (schwarz), Fe$_3$O$_4$-APTES (rot) und Fe$_3$O$_4$-APTES-DCPEG (grün).

Wie aus der Abbildung 32 deutlich wird, liegen die entsprechenden Sättigungsmagnetisierungen bei 56,8, 53,8 und 12,8 emu/g. Die hohe Abnahme der Sättigungsmagnetisierung von Fe$_3$O$_4$-APTES-DCPEG kann durch den geringeren prozentualen Magnetit-Anteil (30% gegenüber 71%; gemessen mit ICP/MS) in den NP erklärt werden. Nichtsdestotrotz ist der Wert der Sättigungsmagnetisierung mit 12,8 emu/g in dem Bereich von 7 – 22 emu/g, das als notwendig für Bioanwendungen gilt (199). Des Weiteren zeigen alle drei Kurven keinerlei Hysterese. Die Remanenz und Koerzitivfeldstärke sind ebenfalls 0, was ein deutlicher Beweis für Superparamagnetismus ist.

Abbildung 33 zeigt die Relaxationsrate R$_2$ (1/T$_2$) [s$^{-1}$], einer wässrigen Suspension von Fe$_3$O$_4$-APTES-DCPEG-NP als Funktion der Eisenkonzentration.

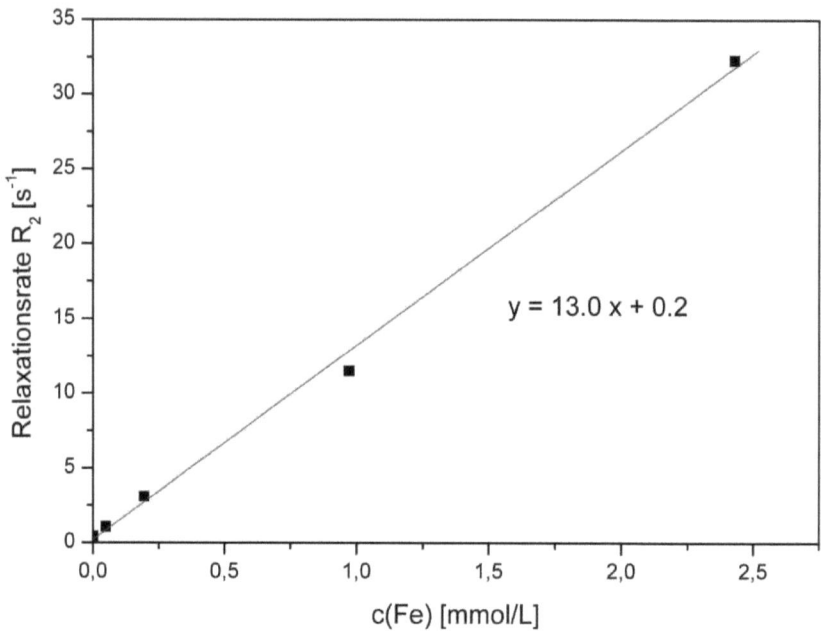

**Abbildung 33:** Relaxationsrate $R_2$ ($1/T_2$) [$s^{-1}$] von $Fe_3O_4$-APTES-DCPEG in wässriger Suspension als Funktion der Eisenkonzentration [mmol/L] gemessen bei 18 °C und 0,18 T (n = 5, m = 1).

Die Steigung der linearen Ausgleichsgerade ergibt die Relaxivität $r_2$. Diese ist mit 13,0 (mmol/L)$^{-1}$s$^{-1}$ zwar etwas niedriger als die anderer publizierter MRT-Kontrastmittel auf Eisenoxidbasis (18,4 (200) – 72,1 (mmol/L)$^{-1}$s$^{-1}$ (201)), jedoch sind die publizierten Relaxivitäten bei höheren Feldstärken von 1,5 T gemessen, was verglichen mit niedrigeren Feldstärken zu höheren Relativitäten führt.

### 3.2.2 Charakterisierung von B[a]P-beschichtetem Silica-Gel

Nach Extraktion des Silica-Gels mit DCM wurde die Konzentration an adsorbierten B[a]P bestimmt: Die HPLC-Fluoreszenz-Analyse ergab eine Konzentration von 940 ± 240 µg B[a]P/kg Silica-Gel (n = 3), während der ELISA eine vergleichbare Konzentration von 1200 ± 300 µg B[a]P/kg Silica-Gel (n = 3) ergab. Die gewünschte Beladung von 1 mg B[a]P/kg Silica-Gel konnte demnach mit der Synthese erreicht werden.

Während der Synthese von Si-APTES-B[a]P wurde mittels TNBS-Test (202) qualitativ die Anwesenheit von Aminogruppen nach der Silanisierung des Silica-Gels bestätigt. Einen

Beweis für die erfolgreiche Kopplung von B[a]P-BA an das Silica-Gel konnte mittels oberflächenverstärkter Raman-Spektroskopie erhalten werden. In Abbildung 34 ist das Raman-Spektrum von Si-APTES-B[a]P und reinem B[a]P zu sehen.

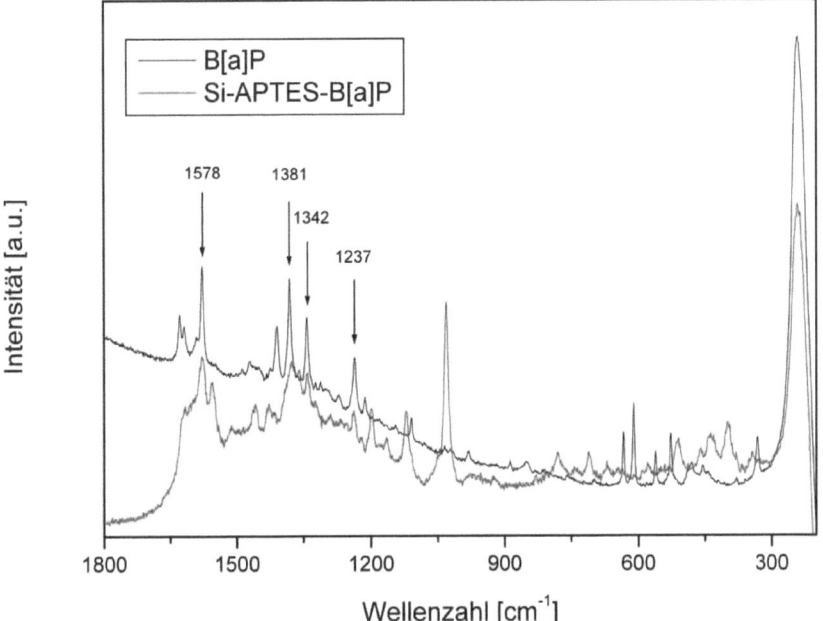

**Abbildung 34:** Oberflächenverstärktes Raman-Spektrum von B[a]P (schwarz) und Si-APTES-B[a]P (rot).

Die B[a]P spezifischen Banden sind in beiden Spektren bei 1237, 1342, 1381 und 1578 cm$^{-1}$ zu erkennen, was mit den SERS-Daten der Literatur gut übereinstimmt (203).

### 3.2.3 Säulenversuche mit Anti-B[a]P-Ak

Eine Grundvoraussetzung für die Visualisierung von B[a]P an Grenzflächen im Boden mittels Ak-gekoppelten MRT-aktiven NP ist, dass der Ak an B[a]P binden kann, welches an der Bodenmatrix adsorbiert vorliegt. Gleichzeitig ist eine niedrige unspezifische Bindung des Ak an die Bodenmatrix selbst notwendig. Diese Voraussetzungen wurden in Säulenversuchen getestet. Silica-Gel wurde repräsentativ für eine mineralische Matrix als Modellmaterial für die Säulenversuche gewählt. B[a]P wurde in zwei verschiedenen Arten auf dem Säulenmaterial immobilisiert:

1) Adsorption auf unbehandeltem Silica-Gel, was einer Adsorption von B[a]P auf einer mineralischen Phase ohne Anwesenheit von organischem Material oder Huminstoffen entspricht. Dabei wird erwartet, dass B[a]P flach auf der Oberfläche adsorbiert vorliegt (204).

2) Kovalente Verknüpfung von B[a]P mit Silica-Gel über APTES. Dabei steht B[a]P in den Raum (siehe Abbildung 46), was einer Adsorption von B[a]P an eine mineralische Phase unter Anwesenheit von organischem Material oder Huminstoffen entsprechen sollte, wobei die Details dieses Adsorptionsprozesses noch nicht modelliert worden sind (205).

Abbildung 35-A zeigt die Durchbruchskurven (BTC) einer Ak-Suspension (8 mL, c(Ak) = 0,4 µg/mL), gefolgt von 10 mL PBS mit 0,1% BSA durch eine Säule gefüllt mit 7,5 g Silica-Gel mit und ohne adsorbierten B[a]P. Bei einer Flussrate von 0,5 mL/min konnte die Wiederfindungsrate (WR) für den Anti-B[a]P-Ak in beiden Fällen zu 99,5% bestimmt werden. Dies zeigt zum einen, dass keine unspezifische Bindung zwischen Ak und Silica-Gel auftritt. Zum anderen scheint es keine Wechselwirkung zwischen Ak und adsorbierten B[a]P stattzufinden. Dies zeigt, dass der Ak nicht in der Lage ist B[a]P, das direkt auf Silica-Gel adsorbiert ist, zu detektieren. Dahingegen sieht man in Abbildung 35-B einen deutlichen Unterschied zwischen der BTC durch Si-APTES im Vergleich zur BTC durch Si-APTES-B[a]P. Der Durchbruch des Anti-B[a]P Ak verzögert sich, wenn B[a]P kovalent auf dem Silica-Gel immobilisiert wurde. Gleichzeitig sinkt die WR auf 37,5%. Dies zeigt, dass der Ak an kovalent an Silica-Gel gebundenes B[a]P bindet, während keine unspezifische Bindung zwischen Ak und unbeschichtetem Silica-Gel stattfindet.

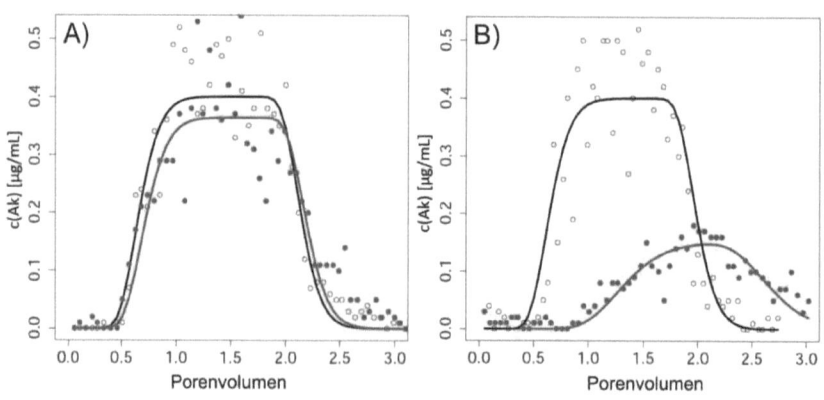

**Abbildung 35:** BTC für A) Silica-Gel (schwarz) und B[a]P@Si (rot) sowie für B) Si-APTES (schwarz) und Si-APTES-B[a]P (rot).

Zusammenfassend lässt sich sagen, dass Anti-B[a]P-Ak zur Detektion von B[a]P in einer komplexen Porengeometrie geeignet sind, was eine Schlüsselvoraussetzung zur Visualisierung mittels MRT ist.

### 3.2.4 NMR-Relaxometrie von Säulen

Nachdem durch Säulenexperimente mit Anti-B[a]P-Ak gezeigt werden konnte, dass der Ak in der Lage ist, kovalent gebundenes B[a]P zu detektieren und keine unspezifischen Bindungen vorherrschen, war dies in einem weiteren Schritt für Ak-gekoppelte MNP zu zeigen. Dazu wurde ein NMR-Relaxometrie-Experiment durchgeführt. Die NMR-Relaxometrie bietet in diesem Fall die Möglichkeit, Änderungen der $T_2$-Werte direkt und mit besserer Sensitivität als mittels MRT zu verfolgen. Abbildung 36 zeigt die Ergebnisse der $T_2$-Messungen der drei unterschiedlichen Schichten der Säule.

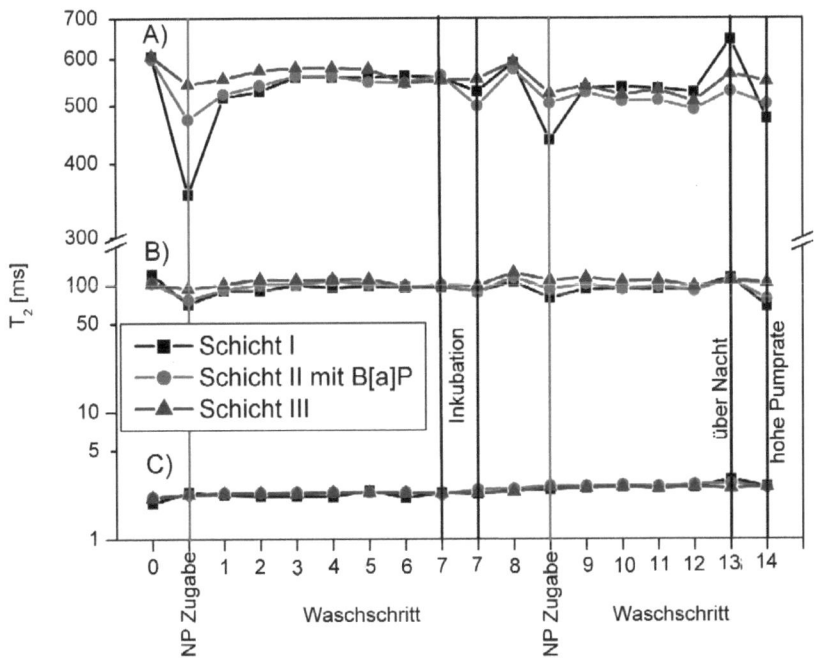

**Abbildung 36:** $T_2$-Zeiten in den 3 Schichten der Säule. A) $T_2$ lang B) $T_2$ mittel C) $T_2$ kurz. Die Verbindungslinien sind nur zur Verdeutlichung eingetragen.

Es konnte keine Änderung der Intensitäten oder Relaxationszeiten der kurzen und mittleren $T_2$-Zeiten beobachtet werden. Deshalb werden nachfolgend nur die langen $T_2$-Zeiten diskutiert. Die Standardabweichung der $T_2$-Zeiten, die mittels eines nichtlinearen Anpassungsprozesses der kleinsten Quadrate erhalten wurden, betrugen ca. 0,1% und wurden daher für die folgenden Betrachtungen als vernachlässigbar betrachtet.

Die $T_2$-Zeiten der drei Schichten der wassergesättigten Säule waren vor der Zugabe der NP 604 ms, 599 ms und 605 ms, für die Schichten I, II und III. Nach der Zugabe der AkMNP nahmen die $T_2$-Zeiten zu Werten zwischen 354 ms und 542 ms ab, was einer Zunahme der NP-Konzentration in den jeweiligen Schichten entspricht. Aufgrund unspezifischer Filtration waren die AkMNP-Konzentrationen in der Nähe des Einlasses (Schicht I) am höchsten und in der Nähe des Auslasses (Schicht III) am niedrigsten. Mit jedem Waschschritt verringerte sich die Konzentration der AkMNP innerhalb der Säule, was an den steigenden $T_2$-Zeiten gesehen werden kann. Dies lässt auf eine Mobilisation und einen Transport der AkMNP durch die Säule schließen. Die $T_2$-Zeit der B[a]P-Schicht (Schicht II) bleibt geringfügig niedriger als die der anderen Schichten. Dies trifft besonders nach 5 Waschschritten zu. Nach zusätzlichen Waschschritten, besonders nach denjenigen mit höheren Pumpvolumenraten werden weitere unspezifisch gebundenen AkMNP aufgrund höherer Scherkräfte aus allen Schichten entfernt. Nach der zweiten NP-Zugabe sind die $T_2$-Zeiten erneut reduziert. Diesmal ist das Ergebnis allerdings deutlicher. Die $T_2$-Zeiten der B[a]P-Schicht nach den Waschschritten 9 – 12 sind kontinuierlich um 20 ± 9 ms (n = 4) niedriger als die $T_2$-Zeiten der anderen zwei Schichten. Dies wird nach einem langen Waschschritt über Nacht nochmals deutlicher. Die $T_2$-Zeiten der B[a]P-Schicht sind hier 116 ms und 36 ms niedriger als die $T_2$-Zeiten der Schichten I und III. Für den letzten Waschschritt wurde die Pumpvolumenrate auf 10 mL/min erhöht. Dies führte zu einer Mobilisierung der gefilterten AkMNP in der Nähe des Einlasses in die Schicht I.

### 3.2.5 Magnetresonanztomographie von Säulen

Mit einer $T_2$-gewichteten Spin-Echo-Sequenz (Echozeit = 13 ms; Wiederholungszeit = 5050 ms) zur Visualisierung der Säulenpackung waren nur die Kalibriersäule ohne AkMNP und die Kalibriersäule mit einer Eisenkonzentration von 9,9 µg/g sichtbar. Dies deutet auf eine hohe MRT-Sensitivität bezüglich des Vorhandenseins der AkMNP hin. Abbildung 37 zeigt ein MRT-Bild der Säule aus dem NMR-Relaxometrieversuch.

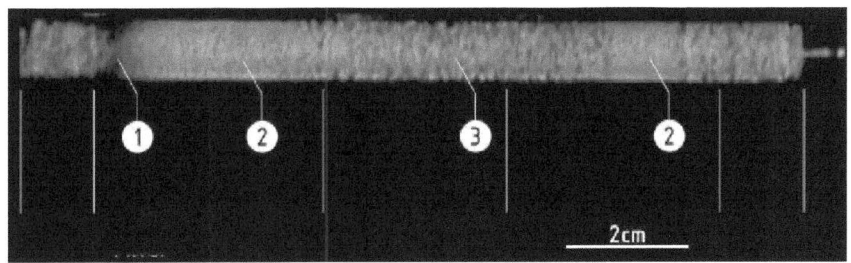

**Abbildung 37:** MRT-Bild der Säule aus dem NMR-Relaxometrieversuch (Abbildung 36) mit Positionsnummerierungen (1: Gefilterte AkMNP; 2: APTES-beschichtetes Silica-Gel; 3: B[a]P-beschichtetes Silica-Gel).

Die Voxel haben eine Größe von 0,45 x 0,45 x 3,6 mm$^3$ mit Schnitten längs der Säule. Es können drei deutliche Besonderheiten im unbearbeiteten MRT-Bild ausgemacht werden. In Position 1 ist ein deutlicher, homogener Abfall der Signalintensität zu erkennen. An dieser Stelle der Säule kann mit bloßem Auge eine bräunliche Verfärbung erkannt werden, die von den AkMNP, die am Übergang von Glas zu Silica-Gel gefiltert sind, herrührt. An Position 2 zeigt das APTES-beschichtete Silica-Gel eine einigermaßen homogene Intensitätsverteilung. Die Packung des Säulenmaterials ist homogen und die Wasserverteilung gleichmäßig. Dagegen zeigt die B[a]P-Schicht eine heterogene Struktur (Position 3). An dieser Stelle ist es wichtig zu erwähnen, dass die Voxels über mehrere Poren (besonders in z-Richtung) gemittelt werden.

Weitere MRT-Bilder der Säulen 6 und 7 sind zusammen mit den zugehörigen volumengemittelten Intensitätsprofilen in Abbildung 38 zu sehen.

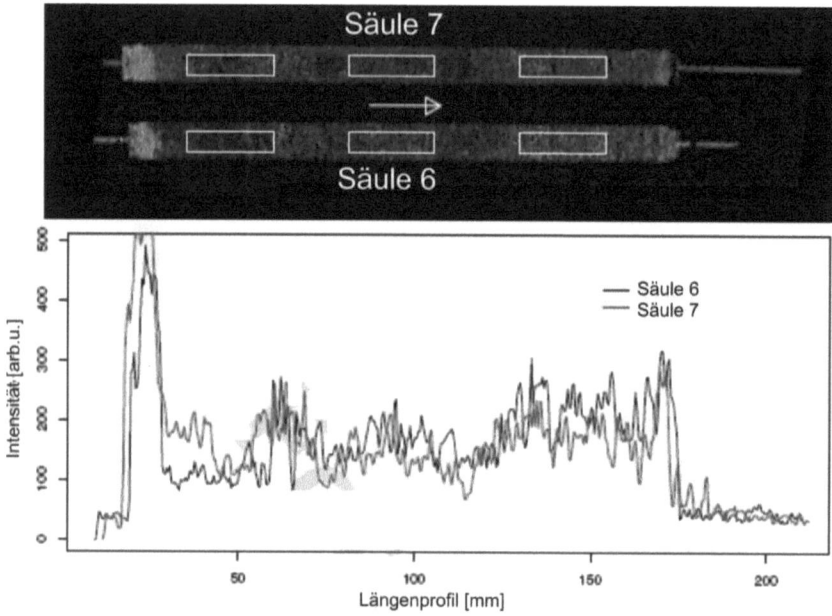

**Abbildung 38:** MRT-Bilder der Säulen 6 und 7 (oben) sowie die zugehörigen, volumengemittelten Intensitätsprofile.

Drei *regions-of-interest* (ROIs, Größe 20 x 6 x 6 mm$^3$) wurden in der Mitte der jeweiligen Schicht festgelegt. Die Mittelwerte der Intensitäten, sowie deren Standardabweichungen für diese ROIs sind in Tabelle 16 gegeben.

**Tabelle 16:** Gemittelte Voxelintensitäten innerhalb der ROIs in den Säulen 6-8.

| Säule | Schicht I Si-APTES | Schicht II Si-APTES-B[a]P | Schicht III Si-APTES |
|---|---|---|---|
| 6 | 123 ± 63 | 234 ± 105 | 298 ± 117 |
| 7 | 265 ± 121 | 212 ± 77 | 230 ± 92 |
| 8 | 646 ± 194 | 504 ± 176 | 533 ± 162 |

In Säule 6 nimmt die Signalintensität vom Einlass zum Auslass hin zu. Dies erklärt sich durch das nur einmalige Waschen mit 100 mL bei 0,9 mL/min. Im Gegensatz dazu fällt die Intensität der B[a]P-Schicht der Säule 7, nach zweimaligem Waschen mit je 100 mL bei 0,9 und 2,0 mL/min, auf einen Wert von 212 ab. Dieser Wert liegt niedriger als die Werte der anderen zwei Schichten, was einer Visualisierung der B[a]P-Schicht mittels AkMNP und MRT entspricht. Allerdings sind die Unterschiede der Intensitäten (28 und 53 arb.u.)

verglichen mit den hohen Standardabweichungen (77 – 121 arb.u.) zu gering, um eine quantitative Aussage zu treffen.

Die Ergebnisse der MRT-Messungen stimmen mit den Ergebnissen der NMR-Relaxometrie überein. Die Visualisierung von B[a]P mittels AkMNP und MRT scheint in groben Sedimenten oder Präferenzflusspfaden möglich zu sein. Dabei ist die Visualisierung auf eine Voxelgröße begrenzt, die mindestens dem 10-fachen der Heterogenität der Matrix entspricht. Ein *a priori*-Wissen über die Porenstruktur, sowie eine Visualisierung der Probe vor Zugabe der NP kann helfen, die ansonsten überlappenden Effekte von unterschiedlichen Porengrößen und Wassergehalten zu minimieren.

Die hier beschriebene Methode zur Visualisierung von B[a]P in porösen Medien kann auf eine Vielzahl anderer Analyten ausgeweitet werden. Dazu sind maßgeschneiderte AkMNP nötig. Monoklonale Ak sind für eine Vielzahl an organischen Kontaminanten verfügbar, oder können mit geringem Aufwand produziert werden.

# TEIL IV

# ZUSAMMENFASSUNG UND AUSBLICK

# 4 ZUSAMMENFASUNG UND AUSBLICK

## 4.1 Anreicherung von Viren aus großen Wasservolumina (30 $m^3$) mittels Crossflow-Ultrafiltration

Ziel der vorliegenden Arbeit war es, eine Konzentrierungsanlage zu entwickeln, die einen quantitativen Nachweis von Viren in 30.000-L-(Trink-)Wasserproben ermöglicht. Dabei befasste sich diese Arbeit mit der Konzeption, dem Aufbau und der Charakterisierung eines Anreicherungssystems, das kompatibel zu den ebenfalls am IWC entwickelten Nachweismethoden (Plaque-Assay, qRT-PCR und Mikroarray) sein musste. Das entwickelte Anreicherungssystem besteht aus einem dreistufigen Prozess. Als erste Stufe dient eine großtechnische CUF-Anlage. Mit Hilfe einer Hohlfaser-UF-Membran mit einer Membranfläche von 6,0 $m^2$ und einer geeigneten Kreiselpumpe können damit im DEUF-Modus bis zu 1,7 $m^3$ Trinkwasser pro h filtriert werden. Damit lassen sich 30 $m^3$ Trinkwasser innerhalb von 18 h filtrieren. Eine integrierte Rückspüleinheit erlaubt eine effektive Elution der angereicherten Viren und Mikroorganismen. Die Wiederfindungsrate für MS2 ist auf ca. 30% bestimmt worden. Gleichzeitig ist die CUF-Anlage mittels Hubwagen transportabel und dank eines integrierten Generators auch zur Anreicherung im Feld einsetzbar. Die Rückspüleinheit dient sowohl dem Eluieren der Mikroorganismen, als auch zur Reinigung der CUF-Membran. Somit ist eine Wiederverwendbarkeit der Membran gewährleistet. Das Eluat umfasst 20 L, welche anschließend mittels einer zweiten CUF-Anlage weiter konzentriert werden. Dazu wurde im Rahmen dieser Arbeit eine kleine CUF-Anlage aufgebaut. Diese besteht aus einer Hohlfaser-UF-Membran mit einer Membranfläche von 0,2 $m^2$. Dabei ist im CUF-Modus eine Filtrationsrate von 0,5 L/h erreichbar, wodurch eine Anreicherung einer 20-L-Probe innerhalb einer Stunde auf ein Volumen von 100 mL ermöglicht wird. Die CUF-Anlage 2 wurde in dieser Arbeit vollständig für die Anreicherung von MS2 aus Wasserproben charakterisiert. Die CUF-Anlage liefert stabile Wiederfindungsraten von 31 ± 8% über einen weiten Konzentrationsbereich (9 – 2 x $10^4$ PFU/mL). Kombiniert werden diese zwei CUF-Anreicherungsschritte mit der ebenfalls am IWC entwickelten MAF. Damit gelingt neben der weiteren Anreicherung der 100-mL-Probe auf 1 mL auch eine Aufreinigung der Probe. Matrixbestandteile, die während der CUF-Anreicherung ebenfalls angereichert werden, würden nachfolgende Nachweisverfahren wie qRT-PCR inhibieren und müssen daher abgetrennt werden. Während der MAF wird diese Matrix abgetrennt, während die

Mikroorganismen aufgrund von elektrostatischen Wechselwirkungen am Säulenmaterial haften und anschließend in einem kleinen Volumen von 1 mL eluiert werden. Es konnte weiterhin gezeigt werden, dass dieses finale Volumen direkt und ohne weitere Aufreinigungsschritte, in die Nachweisverfahren eingesetzt werden kann. Nach der erfolgreichen Charakterisierung der einzelnen Anreicherungskomponenten wurden in dieser Arbeit Kombinationsmöglichkeiten und deren Anwendungsmöglichkeiten gezeigt. Zum schnellen und effektiven Nachweis von Viren aus Oberflächengewässern ist eine Anreicherung mittels CUF-Anreicherung 2 und MAF mit nachfolgender qRT-PCR-Detektion ausreichend. Mit diesem System kann MS2 innerhalb von 4 h bis zu einer Nachweisgrenze von 0,0056 GU/mL in Realwässern quantifiziert werden. Dabei konnte anhand einer 10-L-Probe aus dem Teltow-Kanal gezeigt werden, dass selbst stark verschmutzte Gewässer mit diesem System handhabbar sind. Ein Kombinationsgerät aus CUF und MAF wurde daraufhin aufgebaut und als Gebrauchsmuster angemeldet. Des Weiteren wurde die erfolgreiche Anreicherung von MS2 aus 30.000 L Trinkwasser auf ein finales Volumen von 1 mL demonstriert. Es konnte gezeigt werden, dass die Wiederfindungsrate für das kombinierte System der zwei CUF-Anlagen bei etwa 10% liegt. Die Wiederfindungsrate des Gesamtanreicherungssystems (CUF1-CUF2-MAF) kann aufgrund der hohen Wiederfindungsrate des MAF-Systems auf 1 – 10% geschätzt werden, was jedoch zum Zeitpunkt der Arbeit durch die limitierende, geringe Kapazität der MAF-Säule nicht gezeigt werden konnte. Die Anreicherung einer 30.000-L-Trinkwasserprobe auf 1 mL ergibt, zusammen mit einer Gesamtwiederfindung von 1 – 10%, einen Anreicherungsfaktor von $3 \times 10^5 - 3 \times 10^6$. Die hohe Partikellast, die durch Ultrafiltration von 30.000 L Trinkwasser angereichert wird, stellt keine Limitierung an diese Anwendung dar. Die quantitative Analyse von MS2 in 30.000 L Trinkwasser erfolgt innerhalb von 24 h mittels einer Kombination aus CUF1, CUF2, MAF und qRT-PCR. Die hohen Anforderungen der WHO an die Reinheit des Trinkwassers (z.B. 1 Rotavirus in 32 m$^3$ Trinkwasser) können mit dieser Methode aktuell noch nicht abgedeckt werden. Bei vollständiger Analyse des finalen 1-mL-Eluates mittels eines Plaque-Assays könnte, bei einer angenommenen Gesamtwiederfindung von 10%, theoretisch das Vorhandensein von 10 Viren in 30 m$^3$ Trinkwasser angezeigt werden. Um die Forderungen der WHO zu erreichen, müssten somit 320 m$^3$ Trinkwasser mit dieser Methode angereichert werden, was 8 Tage in Anspruch nehmen würde und dadurch nicht praktikabel ist. Daher wird es vielleicht in Zukunft wichtiger sein, das Rohwasser zu analysieren. Hier wird die Virenbelastung höher sein, wenn es zu einer momentanen Erhöhung einzelner Virenarten kommt (Starkregenfälle, erhöhte Krankheitsfälle). Wenn man die Virusbelastung im

Rohwasser, sowie den Abreicherungsfaktor der jeweiligen Wasseraufbereitungsstufe kennt, weiß man, welche Maßnahmen erforderlich sind, um den Forderungen der WHO zu entsprechen. Die Untersuchung von Rohwasser ist daher ein vielversprechender Ansatz, der mit Hilfe dieser Methode angegangen werden kann.

## 4.2 Visualisierung von Benzo[a]pyren in porösen Medien mittels Antikörper-gekoppelten superparamagnetischen Nanopartikeln

Dieser Teilaspekt der Arbeit hatte das Ziel, die Machbarkeit einer Visualisierung von Kontaminanten in porösen Medien mittels Ak-gekoppelten, MRT-aktiven NP und MRT zu prüfen. Dabei sollten die Möglichkeiten und Grenzen einer solchen Methode erarbeitet werden. Dazu wurden im Rahmen dieser Arbeit MRT-aktive, magnetische und Ak-markierte multifunktionelle NP hergestellt und eingehend charakterisiert. Zunächst wurden deshalb Eisenoxid-NP ($Fe_3O_4$) mittels einer alkalischen Fällungsreaktion synthetisiert. Diese wurden anschließend mit APTES silanisiert und mit DCPEG umhüllt. An die freien Carboxygruppen des DCPEGs wurden anti-B[a]P-Ak gekoppelt. Die Ak-gekoppelten multifunktionellen NP sowie die auftretenden Zwischenprodukte ($Fe_3O_4$, $Fe_3O_4$-APTES und $Fe_3O_4$-APTES-DCPEG) wurden vollständig, hinsichtlich Phase, Größe, Magnetisierung, Zusammensetzung und NMR-Aktivität, charakterisiert. Durch Beschichtung des $Fe_3O_4$-Kerns mit DCPEG erfolgte eine Erhöhung der Stabilität der NP in Wasser aufgrund der elektrostatischen Abstoßung der geladenen Carboxygruppen. Diese multifunktionellen NP waren Voraussetzung zur Bearbeitung des Themas: „Visualisierung von B[a]P in porösen Medien mittels MRT"

Zunächst wurde in Durchbruchskurven mit anti-B[a]P-Ak gezeigt, dass der mAk in der Lage ist an kovalent verknüpftes B[a]P zu binden. Planar an Silica-Gel adsorbiertes B[a]P, hingegen kann vom Ak nicht detektiert werden. Daher ist in weiteren Arbeiten zu untersuchen, ob B[a]P in Realböden für einen Ak zugänglich ist oder nicht. Dabei liegt die Annahme nahe, dass B[a]P in Böden an Huminstoffen gebunden ist, und damit nicht planar adsorbiert vorliegt.

In einem weiteren Schritt konnte zudem eine Schicht von kovalent gebundenem B[a]P mit Hilfe der multifunktionellen NP und NMR-Relaxometrie detektiert werden. Dieselbe Säule wurde anschließend mittels MRT untersucht, wodurch diese visualisiert wurde. Dabei zeigte die B[a]P-Schicht eine niedrigere Intensitätsverteilung als die anderen Schichten. Gleichzeitig ist dieses Ergebnis aber, aufgrund der hohen Heterogenität der einzelnen Schichten und die damit verbundenen hohen Standardabweichungen, nicht eindeutig.

Insgesamt scheint die Visualisierung von B[a]P mittels AkMNP und MRT in groben Sedimenten oder Präferenzflusspfaden möglich zu sein. Jedoch ist zu beachten, dass die AkMNP aufgrund von Größen- und Ladungsausschluss (206, 207) nur einen limitierten Zugang zu kleinen Poren haben. Dahingehend unterscheidet sich der Transport der AkMNP grundsätzlich vom Transport gelöster Kontaminanten. Was zunächst als Nachteil für die

Visualisierung der räumlichen Verteilung von Kontaminanten erscheint, könnte sich aber auch als nützliche Besonderheit erweisen: Kontaminanten an Grenzflächen, die für die AkMNP zugänglich sind, sind auch für Bakterien zugänglich. Umgekehrt können Kontaminanten in Poren, die zu klein für AkMNPs sind, ebenfalls nicht von den Bakterien erreicht werden. Daher könnten AkMNP, anders als gelöste Tracer, zur Visualisierung selektiver Grenzflächen dienen.

Durch die AkMNP-Technik ist eine neue Möglichkeit zur Untersuchung des Verhaltens von organischen Kontaminanten in Böden geschaffen, die mit konventionellen MRT-Methoden bisher nicht zugänglich war. Dazu sind allerdings a priori Kenntnisse über die zu untersuchende Probe, sowie spezielle und angepasste experimentelle Bedingungen nötig.

# TEIL V

# EXPERIMENTELLER TEIL

# 5 EXPERIMENTELLER TEIL

## *5.1 Verwendete Geräte*

Crossflow-Ultrafiltrationseinheit 1
- Drei-Wege-Magnetventil (00041333, Jakob Fischer GmbH, Egmating)
- Druckkessel, 24-L-Edelstahldruckbehälter (Bambus-Internethandel-Leipzig, Leipzig)
- Drucksensor, 0 – 2,5 bar (HPS Handels GmbH, Martinsried)
- Edelstahlleitungssystem, d = 28 mm (HPS Handels GmbH, Martinsried)
- Flusssensor, 20 – 60 L/min (HPS Handels GmbH, Martinsried)
- Frequenzumformer, Peter Electronic FUS 220/E2 (Conrad Electronics, Hirschau)
- Hohlfasermodul, Dizzer S 0,9 MB, 6,0 m$^2$ Membranfläche (Inge GmbH, Greifenberg)
- Kompressor, Einhell BT-AC 200/240 OF (Hornbach, München)
- Kugelventil, manuell schaltend (HPS Handels GmbH, Martinsried)
- Kreiselpumpe, Packo ISP 66-40 222 (Koch Pumpentechnik, Porta Westfalica)
- Saugschlauch, elastisch, Edelstahl (HPS Handels GmbH, Martinsried)
- Stromerzeuger, Einhell BT-PG 2800 (Hornbach, München)
- 1000-L-Tank (PCI Augsburg GmbH, Augsburg)
- Vorfilter, 60 µm (Hornbach, München)

Crossflow-Ultrafiltrationseinheit 2
- A/D Wandlerkarte, Modell NI USB-6009 (National Instruments, Austin, USA)
- Drei-Wege-Ventil, PE (Carl Roth, Karlsruhe)
- Durchflussmesser, POM, OPTO, Typ 01 (Bio-Tech, Vilshofen)
- Drucksensor, 0 – 2 bar, 0 – 5 V, Typ KTE6002GO7N (Sensortechnics, Puchheim)
- Hohlfasermodul, Labormodul d20 k (Inge GmbH, Greifenberg)
- Magnetventil, SO, 12 VDC, 6,4 x 9,5 mm (Novodirect, Kehl)
- Netzgerät, Voltacraft FSP 1204 (Conrad Electronics, Hirschau)
- Pumpenkopf, SP Standard, 1,6 PD (Heidolph Instruments, Schwabach)
- Schlauch, Marprene, I.D. 6,4 mm (Watson Marlow, Cornwall, UK)
- Schlauchpumpe, PD 5206 (Heidolph Instruments, Schwabach)
- Vorfilter, 10 µm (F10X5283, Apic Filter GmbH, Weil der Stadt)

Detektion
- AF$^4$ (Postnova Analytics, Landsberg)
- Durchflusszytometer, Cell Lab Quanta SC (Beckman Coulter, Fullerton, CA, USA)
- FT-IR-Spektrometer, Nicolet 6700 FT-IR (Thermo Fisher Scientific Inc., Waltham, MA, USA)
- ICP-MS Elan 6100 (Percin Elmer, Waltam, USA)
- Magnetresonanztomograph, Magnetom Medical Scanner (Siemens, Erlangen), Universitätsklinikum Ulm
- Rasterelektronenmikroskop, Stereoscan 360 (Leica, Cambridge, Großbritannien)
- Trübungsmessgerät, Turb 430 IR (WTW, Weilheim)
- UV/Vis-Spektrometer, DU 650 UV (Beckman, Fullerton, CA, USA)
- Versiegelungsgerät, Quanti-Tray Sealer (Idexx, Westbrook, USA)
- Zetasizer Nano ZS (Malvern Instruments GmbH, Herrenberg)

ELISA
- Auslesegerät, Synergy HAT (BioTek, Bad Friedrichshall)
- Schüttler für Mikrotiterplatten, Easyshaker EAS 2/4 (SLT, Crailsheim)
- Waschautomat, 96 Kanäle, Elx 405 Select (BioTek, Bad Friedrichshall)

Sonstiges
- Autoklav, Laboklav 55MV-FA (SHP Steriltechnik, Magdeburg)
- Gefriertrocknungsanlage, Alpha 1-4 LSC (Martin Christ, Osterode am Harz)
- Neodym-Eisen-Bor-Magnet, 40 x 20 x 10 mm, vernickelt, Magnetisierung: N42 (Q-40-20-10-N, Webcraft GmbH, Uster, Schweiz)
- Reinstwasseranlage, Milli Q plus 185 (Millipore, Schwalbach)
- Schlauchpumpe Reglo Analog (Ismatec, Glattbrugg, Schweiz)
- Schüttelinkubator, C24KC (New Brunswick Scientific, Edison, NU, USA)
- Sterile Werkbank, UVF 6.18S (BDK, Sonnenbühl-Genklingen)
- Trockenschrank (Memmert, Büchenbach)
- Ultraschallbad, Sonorex RK510S (Bandelin, Berlin)
- Vortexer, Top Mix FB15024 (Fisher Scientific, Pittsburgh, USA)
- Waage, Mettler AT261 Delta Range (Mettler-Toledo, Gießen)
- Zentrifuge Universal 320R (Hettich, Tuttlingen)

Software
- Cell Lab Quanta SC 1.0 (Beckman Coulter, Fullerton, CA, USA)
- Corel Graphics Suite 12 (Corel Corporation, Ottawa, ON, Kanada)
- Gen5 (BioTek Instruments, Winooski, VT, USA)
- Microsoft Office 2003 (Microsoft, Redmond, WA, USA)
- Origin 7G (MicroCal Inc., Northampton, MA, USA)

## 5.2 Verbrauchsmaterialien

- Einweg-Trays Quanti-Tray/200 (04-0231906, Idexx, Ludwigsburg)
- Glaskomplettsäule, Omnifit, 10 x 100 mm (006CC-10-10-AF, msscientific, Berlin)
- Kanister, Rotilabor, PE, 20 L (N370.1, Carl Roth, Karlsruhe)
- Kunststoffküvetten, 1,5 – 3,0 mL (Y199.1, Carl Roth, Karlsruhe)
- Mikrotiterplatten, PP, niedrige Bindungskapazität, 96 Kavitäten (655201, Greiner, Frickenhausen)
- Mikrotiterplatten, PS, hohe Bindungskapazität, 96 Kavitäten (655061, Greiner, Frickenhausen)
- Petrischalen (N221.2, Carl Roth, Karlsruhe)
- Polycarbonatfilter, 0,05 µm, 47 mm (13005, Pieper Filter, Bad Zwischenahn)
- Probenfläschchen, 4 mL (E155.1, Carl Roth, Karlsruhe)
- Rollrandgläser, 5 mL (X654.1, Carl Roth, Karlsruhe)
- Spritzenfilter, steril, 0,22 µm (P668.1, Carl Roth, Karlsruhe)
- Sterile Pipettenspitzen mit Aerosolfilter, 45 MultiGuard-Tips 0,1 – 10 µL (T613.1, Carl Roth, Karlsruhe)
- Sterile Pipettenspitzen mit Aerosolfilter, 63 MultiLowBinding-MultiGuard 1 - 200 µL (X598.1, Carl Roth, Karlsruhe)
- Sterile Pipettenspitzen mit Aerosolfilter, 67 MultiLowBinding-MultiGuard 100 - 1000 µL (X601.1, Carl Roth, Karlsruhe)
- Verschlussklebefolie für Mikrotiterplatten (236707, Nunc, Roskilde, Dänemark)
- Zentrifugenröhrchen, 15 mL, steril (AN76.1, Carl Roth, Karlsruhe)
- Zentrifugenröhrchen, 50 mL, steril (AN79.1, Carl Roth, Karlsruhe)

## 5.3 Chemikalien und Reagenzien

### 5.3.1 Chemikalien

- Agar (05038, Sigma-Aldrich, Taufkirchen)
- 3-Aminopropyltriethoxysilan (APTES), 96% (09324, Fluka, Buchs, Schweiz)
- Ammoniaklösung, 25% (1.05432, Merck, Darmstadt)
- Benzo[a]pyren-1-buttersäure (Institut für PAH-Forschung, Greifenberg)
- Bradford-Reagenz (B6916, Sigma, Steinheim)
- Rinderserumalbumin (BSA), 96% (A3912, Sigma-Aldrich, Taufkirchen)
- Colilert-18 Snap Packs für 100 mL Wasserprobe (WP200I-18, Idexx, Westbrook, USA)
- Dicarboxypolyethylenglykol, MW = 3023 Da (11300-3, Rapp Polymere, Tübingen)
- Dikaliumhydrogenphosphat, $\geq$ 99,0% (04248, Sigma-Aldrich, Taufkirchen)
- 1-Ethyl-3-(3-Dimethylaminopropyl)carbodiimid (EDC) (03449, Sigma, Steinheim)
- Eisen(III)chlorid-Hexahydrat (44939, Sigma, Steinheim)
- Eisen(II)sulfat-Heptahydrat (31236, Sigma, Steinheim)
- Ethanol, absolut, $\geq$ 99,8% (32205, Sigma-Aldrich, Taufkirchen)
- Gelatine (G7041, Sigma-Aldrich, Taufkirchen)
- 3-Glycidyloxypropyltrimethoxysilan (GOPTS), $\geq$ 98% (440167, Sigma-Aldrich, Taufkirchen)
- Glaskugeln, d = 0,5 mm (Hasenfratz Sandstrahltechnik, Assling)
- Kaliumdihydrogencitrat, $\geq$ 99%, wasserfrei (60214, Fluka, Buchs, Schweiz)
- Kaliumdihydrogenphosphat, $\geq$ 99%, wasserfrei (04248, Riedel-de Haen, Seelze)
- Magnesiumsulfat-Heptahydrat, $\geq$ 99,5% (16106, Merck, Darmstadt)
- Methanol, < 99,8% (65548, Sigma-Aldrich, Taufkirchen)
- Natriumchlorid, $\geq$ 99% (71381, Fluka, Buchs, Schweiz)
- Natriumhydrogencarbonat, $\geq$ 99,7%, wasserfrei (71628, Fluka, Buchs, Schweiz)
- Natriumhydroxid, $\geq$ 97% (71692, Fluka, Buchs, Schweiz)
- $N$-Hydroxysuccinimid (NHS), $\geq$ 97% (56480, Fluka, Buchs, Schweiz)
- NZCYM-Medium (X974.1, Carl Roth, Karlsruhe)
- Reinstwasser aus Milli Q plus 185
- Salzsäure, rauchend, 37% (84720, Fluka, Buchs, Schweiz)
- Silica-Gel, 0,5-1 mm (9376.1, Carl Roth, Karlsruhe)
- 3,3´,5,5´-Tetramethylbenzidin, $\geq$ 99% (860336, Sigma, Steinheim)
- Trizma Base (T1503, Sigma-Aldrich, Taufkirchen)

- Tween 20 (8.17072, Merck, Darmstadt)

## 5.3.2 Bakterienstämme und Viren

- *Escherichia coli*, DSM 5695 (DSMZ, Braunschweig)
- *Escherichia coli*, DSM 1116 (DSMZ, Braunschweig)
- *Legionella pneumophilla*, hitzegetötet, ATCC 33155, DSM 7513 (Max-von-Pettenkofer-Institut für Hygiene und Medizinische Mikrobiologie der Ludwig Maximilians-Universität, München)
- Bakteriophage MS2, ATCC 15597, DSM 13767 (Umweltbundesamt, Berlin)

## 5.3.3 Antikörper

- Monoklonaler Maus-Antikörper gegen B[a]P 22F12 (IWC, München)
- Pferd-Anti-Maus-IgG, HRP-markiert (Vector Laboratories, Burlingame, US)
- Ziege-Anti-Maus-IgG (Sigma, Steinheim)

## 5.3.4 Puffer und Lösungen

Aktivierungspuffer
- 500 µL MES-Puffer
- 10 mg EDC
- 10 mg NHS

Carbonat-Puffer (pH 9,6)
- 1,59 g $Na_2CO_3$
- 2,93 g $NaHCO_3$
- ad 1000 mL Reinstwasser

Coating-Puffer (pH 9,6)
- 1,59 g $Na_2CO_3$
- 2,93 g $NaHCO_3$
- 0,2 g $NaN_3$
- ad 1000 mL Reinstwasser

MES-Puffer (pH 4,5)
- 19,52 g 2-(N-Morpholino)ethansulfonsäure
- ad. 1 L Reinstwasser

NZCYM-Medium
- 22,00 g NZCYM-Medium
- 1,02 g $MgSO_4 * 7\ H_2O$
- ad. 1 L Reinstwasser

Phosphatpuffer (PBS, pH 7,6)
- 1,36 g $KH_2PO_4$
- 12,20 g $K_2HPO_4$
- 8,50 g NaCl
- ad 1000 mL Reinstwasser

SM-Puffer
- 0,58 g NaCl
- 0,20 g $MgSO_4 * 7\ H_2O$
- 5 mL Tris/HCl (pH 7,5)
- 0,5 mL Gelatine-Lösung (2%)
- ad. 100 mL Reinstwasser
- vor jeder Verwendung frisch steril filtriert (0,22 µm)

Stopplösung (73)
- 50 mL Schwefelsäure (52)
- ad 1000 mL Reinstwasser

Substratlösung (73)
- 15 mL Substratpuffer
- 273 µL TMB-Stammlösung
- 138 µL $H_2O_2$ (52)

Substratpuffer (pH 3,8)
- 46,04 g Kaliumdihydrogencitrat

- 0,10 g Kaliumsorbat
- ad 1000 mL Reinstwasser

TMB-Stammlösung (73)
- 375 mg 3,3´,5,5´-Tetramethylbenzidin
- 30 mL DMSO

Tris/HCl-Puffer
- 12,11 g Trizma Base
- HCl (konz.) zur pH-Wert Einstellung
- ad. 100 mL Reinstwasser

Waschpuffer (73)
- 42 mL Waschpufferkonzentrat
- ad 2500 mL Reinstwasser

Waschpufferkonzentrat (73)
- 8,17 g $KH_2PO_4$
- 73,16 g $K_2HPO_4$
- 52,60 g NaCl
- 30 mL Tween 20
- ad 1000 mL Reinstwasser

Waschpuffer (Nanopartikelsynthese; pH 7,4)
- 0,5 mL Tween 20
- 10 mL PBS

## 5.4 Standardprozeduren

### 5.4.1 Anreicherung einer Wasserprobe mittels CUF-Anlage 1

Der Anreicherungsprozess wurde von Peskoller et al. übernommen und adaptiert (188). Er besteht aus drei Stufen (Konditionierung, Filtration und Elution), die in Tabelle 17 zusammengefasst sind.

**Tabelle 17:** Übersicht über die fluidischen Einstellungen der drei Stufen des Anreicherungsprozesses.

| Modus | Ventil 1 | Ventil 2 | Ventil 3 | Ventil 4 |
|---|---|---|---|---|
| Konditionierung | geöffnet | Wechselnd | geöffnet | geschlossen |
| Filtration | geöffnet | CUF: geöffnet<br>DEUF: geschlossen | geschlossen | geschlossen |
| Elution | geschlossen | geöffnet | geschlossen | geöffnet |

Der erste Schritt der Anreicherung besteht aus einer Konditionierung des Systems. Dabei werden der Saugschlauch sowie der Entlüftungsschlauch in den mit Wasser gefüllten Tank positioniert. Nach Einschalten der Pumpe (60 Hz) wird Ventil 2 abwechselnd geöffnet und geschlossen, bis keine Luft mehr aus dem System entweicht. Dies ist der Fall, wenn keine Luftblasen mehr aus dem Entlüftungsschlauch austreten. Dieser Schritt ist notwendig, um die optimalen Betriebsbedingungen zu gewährleisten. Während dieses Schrittes wird der Rückspülbehälter mit Wasser gefüllt. Das Dreiwegeventil ist nach dem Einschalten der Anlage so geschalten, dass das Filtrat in den Rückspülbehälter fließt (Abbildung 39).

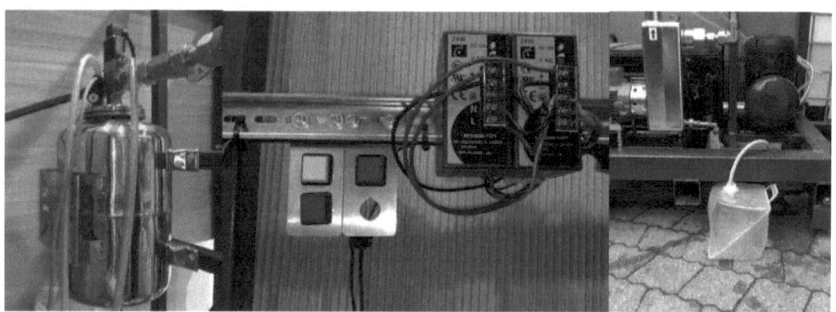

**Abbildung 39:** Rückspülbehälter mit Dreiwegeventil (links), Schalteinheit C2 zum Schalten des Dreiwegeventils (mittig) und Foto der Elution in einen 20-L-Behälter (rechts).

Ist der Rückspülbehälter voll, so wird dies durch Aufleuchten des weißen Schalters, der Schalteinheit C2 signalisiert (Abbildung 39). Dann müssen augenblicklich und gleichzeitig der weiße und rote Schalter getätigt werden, um das Dreiwegeventil von Ultrafiltrationsmodul-Rückspülbehälter- auf Ultrafiltrationsmodul-Auslass-Richtung umzuschalten. Wird nicht geschalten läuft der Rückspülbehälter voll und das Wasser tritt aus einer Öffnung am Dreiwegeventil aus. Anschließend kann die Filtration durch umlegen der Ventile 3 und gegebenenfalls 2 gestartet werden. Die CUF-Anlage kann in den Modi CUF und DEUF betrieben werden. Offenes Ventil 2 entspricht CUF, geschlossenes Ventil 2 DEUF.

Daneben kann das Ventil auch auf eine Zwischenstellung gestellt werden, um den Transmembrandruck zu regulieren. Die Filtration wurde gestoppt, wenn das gewünschte Volumen filtriert wurde. Nach dem Schließen des Ventils 1 und gegebenenfalls dem Öffnen des Ventils 2 wird der Elutionsschlauch in einem 20-L-Behälter positioniert (Abbildung 39) und Ventil 4 geöffnet. Das Rückspülen des Systems wird durch Drücken des grünen Schalters (Abbildung 39) aktiviert. Dabei kann der Rückspüldruck am Druckregulierer, der zwischen Kompressor und Rückspülbehälter angebracht ist, eingestellt werden. Während der gesamten Arbeit war dieser auf 2,5 bar eingestellt. Typischerweise wird das System mit einem Volumen von 20 ± 1 L eluiert, was dem 1,4 fachen des Totvolumens (14 L) entspricht. Mit Betätigung des weißen Schalters wird die Elution beendet. Anschließend wird die CUF-Anlage durch 30 minütige Chlorierung (c(Cl$_2$) = 200 mg/L) gereinigt. Dabei werden alle Schläuche in einen Behälter mit Chlorlösung fixiert und die Pumpe im Konditionierungsmodus gestartet. Abschließend wird das System mit ca. 100 L Wasser chlorfrei gespült.

### 5.4.2 Permeabilitätsbestimmung der CUF-Membran

Zur Bestimmung der Permeabilität wird eine Reinstwasserprobe bei maximaler Volumenrate von 219 L/h im Filtrationsmodus filtriert. Dabei wird der TMP mit Hilfe des Restriktionsventils schrittweise erhöht und der daraus resultierende, konstante (nach ca. 5 min) Filtratfluss bestimmt.

### 5.4.3 Anreicherung einer Wasserprobe mittels CUF-Anlage 2

Der Anreicherungsprozess wurde von Peskoller et al. (188) übernommen und besteht aus vier Stufen (Konditionierung, Filtration, Spülen und Elution), die in Tabelle 18 zusammengefasst sind.

Tabelle 18: Übersicht über die fluidischen Einstellungen der vier Stufen des Anreicherungsprozesses.

| Modus | Pumprichtung[a] | Ventil 1 | Ventil 2 | Ventil 3 |
|---|---|---|---|---|
| Konditionierung | UZS | geöffnet | geschlossen | geöffnet |
| Filtration | UZS | geöffnet | geöffnet | geschlossen |
| Spülen, VW[b] | UZS | geschlossen | geöffnet | geschlossen |
| Spülen, RW[b] | GUZS | geschlossen | geöffnet | geschlossen |
| Elution | UZS | geöffnet | geschlossen | geöffnet |

[a] UZS, Uhrzeigersinn; GUZS, gegen Uhrzeigersinn; [b] VW, Vorwärts; RW, Rückwärts;

Der erste Schritt der Anreicherung besteht aus einer Konditionierung des Systems. Dabei werden alle Schläuche in einen Behälter mit destilliertem Wasser zusammengeführt und gepumpt, bis keine Luft mehr aus dem System entweicht. Dieser Schritt ist notwendig, um die optimalen Betriebsbedingungen zu gewährleisten. Dann werden die Schläuche in den zugehörigen Behältern (Probe, Filtrat und Eluat) fixiert und die Filtration gestartet. Die Filtration findet bei geöffneten Restriktionsventil und dem für das System minimalen TMP von 0,2 bar statt, was zu einer Filtrationsrate von 504 ± 21 mL/min führt. Die Filtration wird gestoppt, wenn nur noch ein kleines Restvolumen (150 – 300 mL) in dem Probenbehälter ist. Dadurch wird gewährleistet, dass keine Luft in das System gezogen wird. Anschließend wird das System für 1 min vorwärts und anschließend für 1 min rückwärts gespült, bevor in einem Volumen von 100 mL eluiert wird. Das verbliebene Probenvolumen (50 – 200 mL) wird gewogen, um das exakte Volumen an filtrierter Probe zu bestimmen. Insgesamt benötigt die Anreicherung einer 10-L-Probe ca. 22 min. Zur Reinigung wird die CUF-Anlage abschließend chloriert ($c(Cl_2)$ = 200 mg/L). Dabei werden alle Schläuche in einen Behälter mit Chlorlösung fixiert und für 30 min im Elutionsmodus gepumpt. Abschließend wird das System mit 10 L Wasser chlorfrei gespült. Zur Lagerung der CUF-Anlagen ist zu beachten, dass die Ultrafiltrationsmembranen feucht gehalten werden müssen, um Porenrisse zu vermeiden. Dazu wird das System zur längeren Lagerung (> 1 Woche) in Wasser mit einem Chlorgehalt von 20 mg/L gelagert.

### 5.4.4 Biochemische Methoden

Die hier angewandten experimentellen Methoden zur Gewinnung von MS2-Bakteriophagen und Quantifizierung mittels Plaque-Assay basieren auf den Grundlagen von Dawson et al. (56) Zusätzlich wurde die von Hershey et al. (208) beschriebene Durchführung eines Plaque-Assays für die Methodenentwicklung berücksichtigt. Sie wurden im Rahmen eines Forschungspraktikums von Sabine Dvorski, unter der Anleitung von Sandra Lengger, entwickelt und beschrieben (209).

**Bakterienübernachtkultur**

100 mL autoklaviertes NZCYM-Medium werden in einen autoklavierten Erlenmeyerkolben mit Deckel überführt, wobei die Glasgeräte zuvor abgeflammt werden. Dazu wird ein Roti®-Store Glaskügelchen mit beimpften *E. coli* (DSM 5695) gegeben. Anschließend wird bei 100 U/min und 37 °C für 16 h im Schüttelinkubator inkubiert.

10 mL der Übernachtkultur werden anschließend bei 4500 U/min und 4 °C für 10 min abzentrifugiert. Der Überstand wird mittels Pipette abgenommen und das Pellet in 10 mL SM-Puffer resuspendiert. Zur Bestimmung der Bakterienkonzentration wird spektrometrisch die optische Dichte (OD) bei einer Wellenlänge von 670 nm bestimmt. Dabei entspricht eine $OD_{670\ nm} = 0,03$ einer Konzentration von $2,3 \times 10^7$ Zellen/mL. Dementsprechend wird durch Verdünnung mit SM-Puffer eine Bakteriensuspension, mit einer Konzentration von $1 \times 10^8$ Zellen/mL hergestellt und für weitere Verwendung auf Eis gelagert.

**Plaque-Assay zur Quantifizierung von MS2-Bakteriophagen**

Als erstes wird die untere Nährmediumschicht in eine Petrischale gegossen. Hierfür wird frisches NZCYM-Medium mit 1,5% w/v Agar versehen und autoklaviert. Nach kurzer Abkühlphase wird der Rand des Gefäßes abgeflammt und mit Hilfe eines sterilen Zentrifugenröhrchens werden je 30 mL Medium in Polystyrol-Petrischalen mit einem Durchmesser von 96,0 mm gegossen. Gegebenenfalls müssen Luftblasen mit einer Pipettenspitze entfernt werden. Die Platten werden gestapelt und möglichst erschütterungsfrei gelagert. Nach etwa 2 h sind sie fest genug zur weiteren Verwendung. Das Agarmedium für die obere Schicht (NZCYM-Medium mit 0,7% w/v Agar) kann frühzeitig hergestellt, autoklaviert und in einem Wasserbad auf 60 °C temperiert werden, um die Bakterien und Viren durch die Zugabe von zu heißem Agarmediums nicht zu denaturieren. Es wird für jede auszuplattierende Probe ein Eppendorf-Gefäß mit 100 µL der vorbereiteten Wirtsbakteriensuspension (E. coli; DSM 5695; $c = 1 \times 10^8$ Zellen/mL) versehen und je 100 µL der jeweiligen Probe hinzupipettiert. Zusätzlich werden 100 µL der Bakterien-Suspension zusammen mit 100 µL SM-Puffer für die Negativkontrolle abgefüllt. Alle Proben werden mit einem Vortexer vermischt und bei 37 °C für 20 min vorinkubiert. Anschließend werden in einem sterilen Zentrifugenröhrchen 3 mL Agarmedium (NZCYM-Medium mit 0,7% w/v Agar) mit der vorinkubierten Probe (200 µL) versehen, mit einem Vortexer vermischt und mit einer Pipette aufgezogen. Die Flüssigkeit muss schnell auf die zuvor vorbereitete Platte auf die untere Nährmediumschicht pipettiert und umgehend geschwenkt werden, so dass die Platte vollständig und gleichmäßig bedeckt wird. Eventuelle Blasen müssen mit Hilfe einer sterilen Pipettenspitze beseitigt werden. Nachdem alle Proben ausplattiert sind, werden sie für 16 h bei 37 °C inkubiert, bevor die Plaques ausgezählt werden können.

**Auswertung des Plaque-Assays**

Für die Berechnung der Plaque-formenden Partikel pro mL (PFU/mL) muss die Anzahl der gezählten Plaques mit der entsprechenden Verdünnungsstufe und dem eingesetzten

Probevolumen verrechnet werden. Um ein statistisch sicheres Ergebnis zu erhalten, muss zusätzlich die Anzahl der Mehrfachbestimmungen in die Berechnung mit einfließen. Die allgemeine Formel für die Quantifizierung durch Plaque-Bestimmung nach DIN EN ISO 10705-2: 2001 ist in Formel 3 wiedergegeben.

$$X = \frac{N}{(n_1 V_1 F_1) + (n_1 V_1 F_1)} \quad (3)$$

mit  
X  Anzahl Plaque-formender Partikel in PFU/mL  
N  Gesamtzahl gezählter Plaques auf den Platten  
$n_1, n_2$  Anzahl der Plattenbestimmungen bezogen auf die jeweilige Verdünnung $F_1, F_2$  
$V_1, V_2$  Im Test eingesetztes Probenvolumen in mL  
$F_1, F_2$  Verdünnungsfaktor bezogen auf das Probenvolumen $V_1, V_2$

**Gewinnung von MS2-Bakteriophagen**

Zur Gewinnung von frischen MS2-Bakteriophagen wird zuerst ein Plaque-Assay einer 100 µL Probe der Phagenstammsuspension nach obiger Vorschrift durchgeführt. Nach der Inkubation bei 37 °C für 20 h wird die Platte mit 5 mL steril gefiltertem SM-Puffer überschichtet und für 3 h bei Raumtemperatur sanft geschüttelt. Der Überstand wird mit einer Pipette abgezogen und in ein Zentrifugenröhrchen überführt. Nach dem Abzentrifugieren für 10 min bei 4500 U/min und 4 °C wird der Überstand mit Hilfe einer Kanülenspritze aufgezogen und mit Hilfe eines sterilen Spritzenfilters (Porendurchmesser = 0,22 µm) filtriert. Die resultierende Phagensuspension wird aliquotiert und tiefgekühlt gelagert. Die Konzentrationsbestimmung der gewonnenen Bakteriophagensuspension erfolgt mittels Plaque-Assay oder qRT-PCR.

### 5.4.5 Nanopartikelsynthese

**Herstellung von $Fe_3O_4$-Nanopartikeln**

Die Synthese von $Fe_3O_4$ und die anschließende Beschichtung erfolgt nach einer etwas modifizierten Methode nach Feng et al. (168) und ist schematisch in Abbildung 40 wiedergegeben.

$$2{,}5\ FeCl_3 \cdot 6\ H_2O + FeSO_4 \cdot 7\ H_2O \xrightarrow{H_2O} \xrightarrow{NH_4OH} Fe_3O_4$$

**Abbildung 40:** Schematische Darstellung der Synthese von $Fe_3O_4$-NP.

Dabei werden 5 g (18,5 mmol) Eisen(III)chlorid-Hexahydrat in einem 100-mL-Schlenkkolben in 30 mL bidestilliertem Wasser gelöst und zum Entfernen des im Wasser gelösten Sauerstoffs für 30 min mit Stickstoff gespült. Zur gelblichen Lösung werden 2 g (7,2 mmol) Eisen(II)sulfat-Heptahydrat hinzugefügt und für 15 min bei 400 U/min gerührt. Die Fällung der Magnetit-NP erfolgt durch Zugabe von 5,5 mL konzentrierter Ammoniaklösung in Schritten von 1 x 2,5 mL und 6 x 0,5 mL. Aufgrund der Viskositätszunahme der NP-Suspension wird die Rühr-geschwindigkeit auf 800 U/min erhöht und bei 60 °C unter Stickstoffatmosphäre für 2,5 h gerührt. Anschließend wird die Suspension in vier 50-mL-Zentrifugenröhrchen überführt und die NP mit einem externen Magneten an deren Wand festgehalten, damit die wässrige Lösung abdekantiert werden kann. Die Magnetit-NP werden zweimal mit je 20 mL bidestilliertem Wasser magnetisch gewaschen, zusammengefügt und in 60 mL Wasser aufgenommen.

**Silanisierung von $Fe_3O_4$-Nanopartikeln mit APTES ($Fe_3O_4$-APTES)**

10 mL (43 mmol) APTES werden in 2 mL bidestilliertes Wasser, das mit HCl auf pH 4 gebracht wurde, gegeben und innerhalb von sechs Stunden polymerisiert (Abbildung 41).

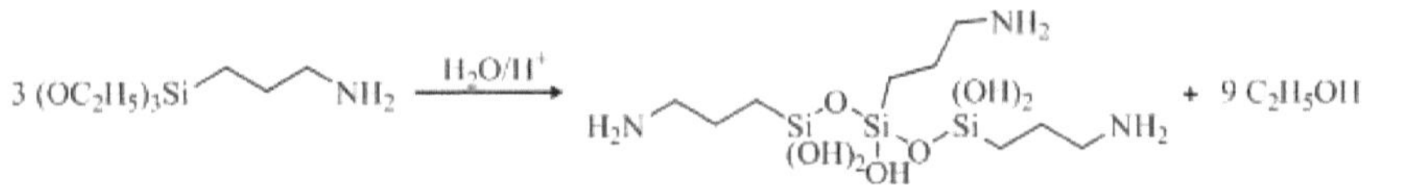

$$3\ (OC_2H_5)_3Si\diagup\diagdown NH_2 \xrightarrow{H_2O/H^+} H_2N\diagdown\diagup Si(OH)_2\text{-}O\text{-}Si(OH)\text{-}O\text{-}Si\diagup\diagdown NH_2 + 9\ C_2H_5OH$$

**Abbildung 41:** Schematische Darstellung der Vorpolymerisierung von APTES.

Dabei entsteht zunächst ein sehr festes Polymer, das sich anschließend zu einem Gel verflüssigt. Das gelartige APTES wird in 40 mL Wasser gelöst und zu 60 mL der $Fe_3O_4$-NP-Suspension hinzugefügt, mit Stickstoff gespült und über Nacht bei 60 °C und 500 U/min gerührt. Dabei werden die $Fe_3O_4$-NP wie in Abbildung 42 schematisch dargestellt silanisiert.

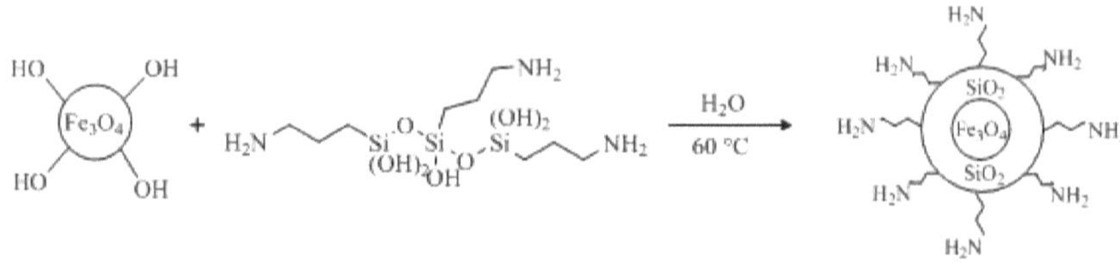

**Abbildung 42:** Schematische Darstellung der Silanisierung der Fe$_3$O$_4$-NP mit APTES.

Die Suspension wird auf vier 50-mL-Zentrifugenröhrchen verteilt und die wässrige Lösung mit einem externen Magneten abdekantiert. Die zurückgehaltenen NP werden je zweimal mit 40 mL Wasser und 30 mL Ethanol gewaschen und abschließend für mehrere Tage im Exsikkator unter Vakuum getrocknet.

**Beschichten der silanisierten NP mit DCPEG (Fe$_3$O$_4$-APTES-DCPEG)**

400 mg Dicarboxypolyethylenglykol (DCPEG) werden in einem 150-mL-Zweihalskolben in 30 mL bidestilliertem Wasser gelöst und für 30 min mit Stickstoff gespült, um den Sauerstoff aus der wässrigen Lösung zu entfernen. 200 mg Fe$_3$O$_4$-APTES-NP werden 5 - 10 min in 10 mL Wasser im Ultraschallbad redispergiert und zur DCPEG-Lsg. gegeben. Anschließend wird die Suspension für weitere 10 min mit Stickstoff gespült, bevor auf 60 °C aufgeheizt und über Nacht bei 550 U/min gerührt wird. Die so hergestellten DCPEG-beschichteten NP (siehe Abbildung 43) werden in einem Dialyseschlauch mit einem *cutoff* von 10000 g/mol zwei Tage bei 300 U/min gegen 4 x 2 L bidestilliertes Wasser dialysiert, um überschüssiges DCPEG zu entfernen. Anschließend wird die NP-Suspension lyophilisiert, um die NP in getrockneter Form zu erhalten.

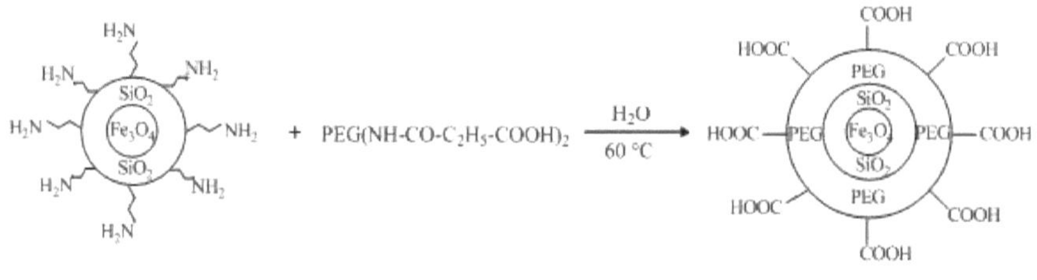

**Abbildung 43:** Schematische Darstellung der Beschichtung der silanisierten NP mit DCPEG.

### Antikörperkopplung an Fe₃O₄-APTES-DCPEG (Fe₃O₄-APTES-DCPEG-Ak)

Der anti-B[a]P-Ak (22F12) wird nach dem Datenblatt zu den Roti®-MagBeads Hp58.1. an die NP gekoppelt (210). Dazu werden zur Aktivierung der Carboxygruppe 0,5 mg der Fe₃O₄-APTES-DCPEG-NP für 15 min in 500 µL Aktivierungspuffer suspendiert, welcher anschließend magnetisch abdekantiert wird (Abbildung 44). Um Verunreinigungen zu vermeiden, wird einmal mit 500 µL MES-Puffer gewaschen.

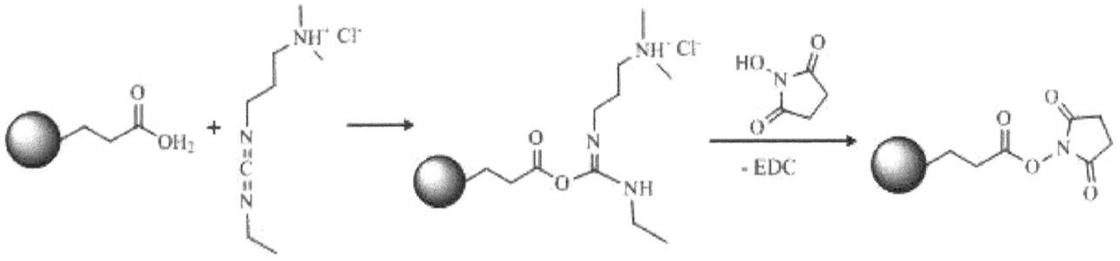

**Abbildung 44:** Schematische Darstellung der Aktivierung der Carboxygruppe.

Zur Kopplung der Ak wird das NP-Pellet in 500 µL PBS resuspendiert und nach Zugabe von 25 µL des Ak 22F12 für 2 h geschüttelt (Abbildung 45). Die Ak-gekoppelten NP werden dreimal mit 500 µL Waschpuffer magnetisch gereinigt.

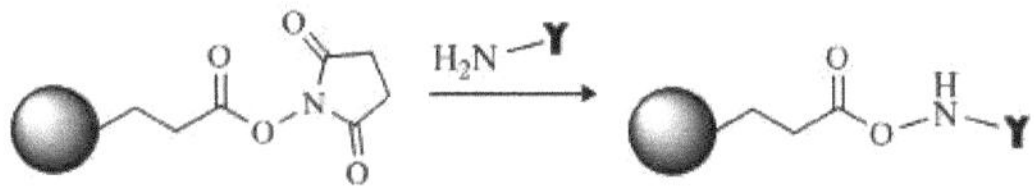

**Abbildung 45:** Schematische Darstellung der Kopplung des Antikörpers.

Das Blocken der Ak-gekoppelten NP erfolgt für 2 h am Schüttler in 500 µL Tris/HCl-Puffer bei RT. Anschließend wird dreimal mit 500 µL Waschpuffer gewaschen und die Fe₃O₄-APTES-DCPEG-Ak-NP in 500 µL bidestilliertem Wasser resuspendiert.

### 5.4.6 Nanopartikelcharakterisierung

#### Mössbauer-Spektroskopie

Mössbauer-Spektroskopie wurde von Dr. Klaus Achterhold (TUM, Department Physik, Garching) an einem handelsüblichen Gerät bei 150 K durchgeführt, um die Phase der Eisenoxid-NP zu identifizieren.

**Infrarot-Spektroskopie**

FT-IR-Spektroskopie wurde auf einem Nicolet 6700 FT-IR-Spektrometer aufgenommen, um die funktionellen Gruppen auf der Oberfläche der NP zu untersuchen. Dazu wurden die entsprechenden NP-Proben in Pulver-Form auf den ATR(*attenuated total reflection*)-Kristall des FT-IR-Spektrometers gepresst und gemessen.

**ICP/MS**

ICP/MS-Messungen wurden von Christine Sternkopf (TUM, IWC, München) auf einem Perkin Elmer ICP/MS Elan 6100 durchgeführt, um sowohl den Eisen-, als auch den Siliziumgehalt der NP zu bestimmen. Abgewogene NP-Proben in Pulver-Form wurden in 9 mL Wasser, versetzt mit 1 mL konz. $HNO_3$, gelöst und gemessen.

**Thermogravimetrie (TG)**

Thermogravimetrische Analysen der NP wurden von Sophia Makovski (LMU, Lehrstuhl für Anorganische Festkörperchemie, München) auf einem Setaram TG/DTA durchgeführt. Eine getrocknete NP-Probe wurde im TG-Ofen platziert und die Messung unter $N_2$-Atmosphäre bei einer Heizrate von 15 °C/min von RT bis 600 °C durchgeführt.

**UV/Vis-Spektroskopie**

UV/Vis-Spektren von 200 nm – 800 nm wurden in Quarzzellen mit einem UV/Vis-Spektrometer DU 650 von Beckman Instruments aufgenommen.

**Bradford-Test**

Ein Bradford-Farbtest (211), mit Reagenzien von Biorad und BSA als Standard, wurde benutzt, um die Ak-Konzentration vor und nach der Kopplung der Ak an die NP zu bestimmen. Dabei wurden 100 µL Bradford-Reagenz und 100 µL der Ak-Lösung zusammen auf eine Mikrotiterplatte gegeben und die Absorption bei 595 nm mittels Mikrotiterplattenauslesegerät bestimmt.

**Größenuntersuchung**

Untersuchungen zur Partikelgrößenverteilung der NP wurden mittels verschiedener Methoden durchgeführt. Eine *Nanosight Nanoparticle Tracking Analysis* (NTA) wurde von Lars Düster (Universität Koblenz/Landau, Department für Umweltchemie, Landau) durchgeführt. Dynamische Lichtstreuung (DLS) wurde von Susanne Mayer (TUM, Garching) auf einem

Zetasizer Nano ZS von Malvern Instruments durchgeführt. Transmissionselektronenmikroskopie (TEM) der NP wurde von Marianne Hanzlik (TUM, Fakultät für Chemie, Garching) auf einem JEOL JEM-100cx durchgeführt. Rasterelektronenmikroskopie (REM) wurde von Christine Sternkopf (TUM, IWC, München) auf einem Stereoscan 360 von Leica durchgeführt. Asymmetrische Fluss-Feldflussfraktionierung ($AF^4$) wurde mit Hilfe von Dr. Clemens Helmbrecht (TUM, IWC, München) auf einem Gerät der Firma Postnova Analytics durchgeführt. Das Dispersionsmedium war ultrareines Wasser. Die Größenstandards waren monodisperseLatexpartikel mit 79 nm, 110 nm und 510 nm Durchmesser in einer Konzentration von jeweils 50 mg/L. Die $AF^4$-Anlage war an einen UV/Vis-Detektor gekoppelt, der bei einer Wellenlänge von 250 nm detektierte.

## SQUID

Die magnetischen Eigenschaften der NP wurden von Bele Boeddinghaus (TUM, Lehrstuhl für Anorganische Chemie, Garching) auf einem Quantum Design MPMS-XL5 SQUID-Magnetometer bestimmt. Die RT-Messung wurde bei Feldstärken von -10.000 Oe – 10.000 Oe durchgeführt. Ca. 5 mg der Probe wurden in Gelantinekapseln eingewogen und in einem Strohhalm fixiert. Die resultierenden Daten wurden mit einer Messung des leeren Probenhalters korrigiert.

## Messung der Relaxationszeit

$T_2$-Relaxationszeiten von wässrigen Lösungen mit 5 unterschiedlichen Konzentrationen an $Fe_3O_4$-APTES-DCPEG-NP (c(Fe) = 0, 0.05, 0.19, 0.97, 2.43 mmol/L) wurden gemessen, um die Relaxivität $r_2$ zu bestimmen. Alle Messungen wurden auf einem Bruker Minispec NMR-Spektrometer bei 7,5 MHz (0,18 T) und 18 °C durchgeführt.

## 5.4.7 Herstellung von B[a]P-beschichteten Silica-Gel

### Adsorption von B[a]P auf unbeschichtetes Silica-Gel (B[a]P@Si)

Um eine Beladung von 1 mg B[a]P pro kg Silica-Gel zu erreichen, wurden 100 g Silica-Gel zusammen mit einer Lösung von 100 µg B[a]P in 100 mL MeOH vermengt und mittels Rotationsverdampfer eingedampft. Anschließend wurde das Silica-Gel über Nacht in einem Ofen bei 100 °C getrocknet.

## Kovalente Verknüpfung von B[a]P mit Silica-Gel (Si-APTES-B[a]P)

Die Synthese von Si-APTES-B[a]P basiert auf der Arbeit von Cass et al. (212) und ist in Abbildung 46 schematisch dargestellt.

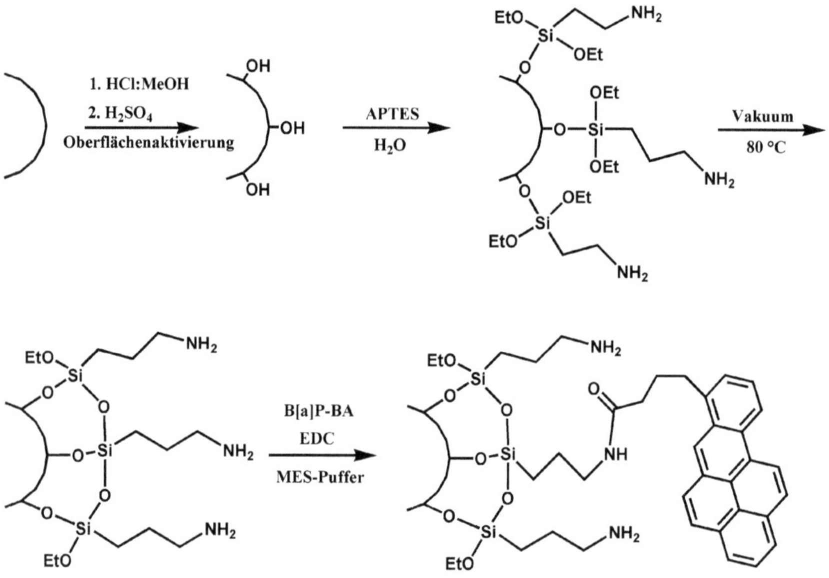

**Abbildung 46:** Kovalente Verknüpfung von B[a]P mit Silica-Gel.

Um die Oberfläche des Silica-Gels für die Silanisierung vorzubereiten, wurden 100 g Silica-Gel bei RT mit 200 U/min in 200 mL HCl:MeOH (1:1, v/v) für 30 min gerührt. Anschließend wurde das Substrat dreimal mit 300 mL destilliertem Wasser gewaschen, bevor es für 30 min in 100 mL $H_2SO_4$ konz. gerührt wurde. Nach erneutem dreimaligem Waschen wurde das Substrat in 150 mL destilliertem Wasser für 30 min gekocht. Zur Silanisierung wurde das Substrat anschließend in 100 mL $H_2O$:APTES (9:1; v/v) für 30 min bei RT gerührt, bevor es jeweils drei Mal mit 300 mL Wasser und 200 mL EtOH gespült wurde. Abschließend wurde das Silica-Gel in einem Ölbad bei 80 °C unter Vakuum über Nacht erhitzt, um eine vollständige Vernetzung des APTES zu erreichen. Dann wurden 100 g des silanisierten Silica-Gels in 100 mL MES-Puffer, der 2,5 mg (7,4 x $10^{-3}$ mmol) B[a]P-Buttersäure gelöst in 1 mL DMF, das 200 mg (1,0 mmol) EDC enthält, aufgeschlämmt und für 2 h bei RT gerührt (150 U/min). Abschließend wurde das B[a]P-beschichtete Silica-Gel (Si-APTES-B[a]P) jeweils dreimal mit 300 mL Wasser und 200 mL EtOH gespült und über Nacht in einem Ofen bei 100 °C getrocknet.

### 5.4.8 Charakterisierung von B[a]P-beschichteten Silica-Gel

B[a]P und Si-APTES-B[a]P wurden mittels oberflächenverstärkter Raman-Spektroskopie auf einem Renishaw 2000 Raman-Mikroskop mit Hilfe von im IWC produzierten Ag-Kolloiden (213) untersucht. Die Menge an B[a]P, die an das Silica-Gel adsorbiert wurde, wurde nach Extraktion von B[a]P@Si mittels DCM und Analyse mittels HPLC-Fluoreszenz und ELISA (141) gemessen.

### 5.4.9 Säulenversuche mit Anti-B[a]P Ak

Der experimentelle Aufbau der Säulenexperimente ist in Abbildung 47 zu sehen.

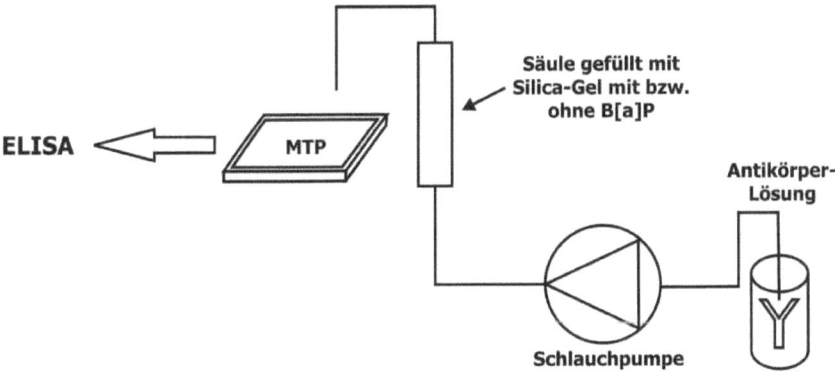

**Abbildung 47:** Experimenteller Aufbau der Säulenexperimente.

Eine Ak-Lösung (unterschiedliche Konzentrationen an Maus-Anti-B[a]P-IgG Ak in PBS mit 0,1% BSA) wurde mittels einer Schlauchpumpe durch eine Glassäule, gefüllt mit Silica-Gel bzw. B[a]P-beschichtetes Silica-Gel, gepumpt. Der Durchfluss wurde Tropfenweise in einer *low binding* Mikrotiterplatte (MTP) mit 96 Kavitäten gesammelt (6 - 7 Tropfen je Kavität). Anschließend wurden die Ak-Konzentrationen in den Kavitäten mittels Sandwich-ELISA bestimmt, um die Durchbruchskurven (BTCs) zu erhalten. Die BTCs wurden durch die eindimensionale Transportgleichung mittels CXTFIT (214) angepasst.

**Sandwich-ELISA**

*High-binding*-MTP mit 96 Kavitäten wurden mit Ziege-Anti-Maus-IgG (1:5000 in Coating-Puffer) über Nacht bei 4 °C inkubiert. Nach einem Waschschritt (dreimaliges Waschen mit Waschpuffer) wurden die Kavitäten mit 300 µL PBS mit 2% Casein für 2 h bei RT unter Schütteln geblockt. Nach einem Waschschritt wurden die Kavitäten mit je 100 µL der Kalibrierstandards (c(anti-B[a]P Ak) = 1; 0,4; 0,1; 0,04; 0,01 und 0,0 µg/mL in PBS mit 0,1% BSA) und der Proben der BTC-Bestimmung befüllt. Anschließend wurde die MTP für 1,5 h bei RT unter Schütteln inkubiert und wie zuvor gewaschen. Dann wurden die Kavitäten mit 100 µL HRP-markierten Pferd-Anti-Maus-IgG (1:40000 in PBS) befüllt und für 1,5 h bei RT unter Schütteln inkubiert. Nach erneutem Waschen wurden die Kavitäten mit 100 µL Substratlösung befüllt. Die Farbreaktion wurde dann nach ausreichender Farbentwicklung (ca. 5 – 15 min) mit 100 µL Stopplösung gestoppt, worauf die Absorption bei 450 nm mittels eines MTP-Auslesegerätes bestimmt wurde.

### 5.4.10 NMR-Relaxometrie von Säulen

Der experimentelle Aufbau der NMR-Relaxometrie von Säulen sowie ein Foto der experimentellen Ausführung der Säulenhalterung im NMR-Relaxometer sind in Abbildung 48 dargestellt.

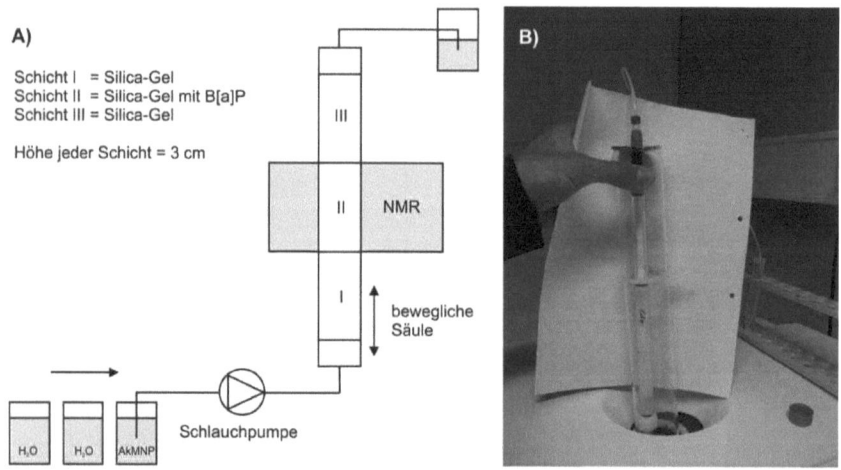

**Abbildung 48:** Experimenteller Aufbau der NMR-Relaxometrie von Säulen (A) und Foto der Haltevorrichtung der Säule im NMR-Relaxometer (B).

Eine Glassäule wurde mit 3 Lagen Silica-Gel mit je 3 cm Höhe, was der NMR-sensitiven Schicht des NMR-Relaxometers entspricht, befüllt. Unten und oben wurde je 1 cm

Glaskugeln und 1 cm Silica-Gel zusätzlich als Filterschicht eingefüllt. Die Mittelschicht (Schicht II) bestand aus B[a]P-beschichteten Silica-Gel (Si-APTES-B[a]P), während die Schichten I und III aus silanisierten Silica-Gel (Si-APTES) bestanden. Mit Anschlüssen aus PTFE an jedem Ende der Säule wurde diese mit der Schlauchpumpe und dem Abfluss verbunden. Nach Sättigung der Säule mit Wasser (Pumpvolumenrate = 0,9 mL/min) wurden die $T_2$-Zeiten der Wasserprotonen in den Schichten I – III mittels NMR-Relaxometrie gemessen. Dann wurden 4 mL einer Suspension aus Ak-gekoppelten NP ($Fe_3O_4$-APTES-DCPEG-Ak) in Wasser (c(Fe) = 0,025 µg/mL) über die Säule gepumpt (0,9 mL/min). Anschließend wurde die Säule sieben Mal mit Wasser gespült (4 mL; 2 mL/min), um nicht gebundene NP zu entfernen. Nach einer Inkubation der Säule im NMR-Relaxometer über Nacht wurde das Experiment am nächsten Tag wiederholt. Die Säule wurde mit Wasser gespült (10 mL; 2,0 mL/min), bevor eine zweite NP-Zugabe (4 mL; 2,0 mL/min) durchgeführt wurde. Abschließend erfolgten vier Waschschritte mit 10 mL (2,0 mL/min) gefolgt von einem Waschschritt mit 900 mL (2.0 mL/min) und einem Waschschritt mit hoher Pumprate (100 mL; 10 L/min). In Tabelle 19 ist eine Übersicht über die experimentellen Schritte der Durchführung der NMR-Relaxometrie gegeben.

Tabelle 19: Übersicht über die experimentellen Schritte bei der Durchführung der NMR-Relaxometrie von Säulen.

| Experimenteller Schritt | Reagenz | Volumen [mL] | Volumenrate [ml/min] |
|---|---|---|---|
| Sättigung der Säule | Wasser | 10 | 0,9 |
| NP-Zugabe | $Fe_3O_4$-APTES-DCPEG-Ak in Wasser (c(Fe) = 0.025 mg/mL) | 4 | 0,9 |
| Waschschritt 1 | Wasser | 4 | 2 |
| Waschschritt 2 | Wasser | 4 | 2 |
| Waschschritt 3 | Wasser | 4 | 2 |
| Waschschritt 4 | Wasser | 4 | 2 |
| Waschschritt 5 | Wasser | 4 | 2 |
| Waschschritt 6 | Wasser | 4 | 2 |
| Waschschritt 7 | Wasser | 4 | 2 |
| Inkubation über Nacht | - | - | - |
| Waschschritt 8 | Wasser | 10 | 2 |
| NP-Zugabe | $Fe_3O_4$-APTES-DCPEG-Ak in Wasser (c(Fe) = 0.025 mg/mL) | 4 | 2 |
| Waschschritt 9 | Wasser | 10 | 2 |
| Waschschritt 10 | Wasser | 10 | 2 |
| Waschschritt 11 | Wasser | 10 | 2 |
| Waschschritt 12 | Wasser | 10 | 2 |
| Waschschritt 13 | Wasser | 900 | 2 |
| Waschschritt 14 | Wasser | 100 | 10 |

Nach jedem experimentellen Schritt wurden die $T_2$-Zeiten für jede Schicht gemessen. Die Säule wurde luftdicht verschlossen und bis zur Visualisierung mittels MRT bei RT liegend 11 Monate gelagert.

**Auswertung der Daten**

Die erlangten Verteilungen der Relaxationszeiten wurden mit der nichtlinearen Methode der kleinsten Quadrate mittels der Software R (215) und der triexponentiellen Abklingfunktion angepasst (Formel 4).

$$I = I_{kurz} \cdot e^{-\lambda_{kurz} t} + I_{mittel} \cdot e^{-\lambda_{mittel} t} + I_{lang} \cdot e^{-\lambda_{lang} t} + Hg \qquad (4)$$

mit      I      Intensität

        Hg     Hintergrundintensität

Diese Formel repräsentiert die kurze (Spin-Spin), mittlere und lange $T_2$-Relaxationszeit, die sich nach Formel 5 berechnen lässt.

$$T_2 = \frac{\ln 2}{\lambda} \qquad (5)$$

## 5.4.11 Magnetresonanztomographie von Säulen

MRT-Messungen wurden von Dr. Arthur Wunderlich am Universitätsklinikum Ulm auf einem *Siemens Magnetom Medical Scanner* 3.0 T durchgeführt.

Neun Glassäulen unterschiedlicher Länge und Befüllung wurden mittels Tesafilm zu einer kompakten Packung verklebt und in den Magnetresonanztomographen gelegt (Abbildung 49).

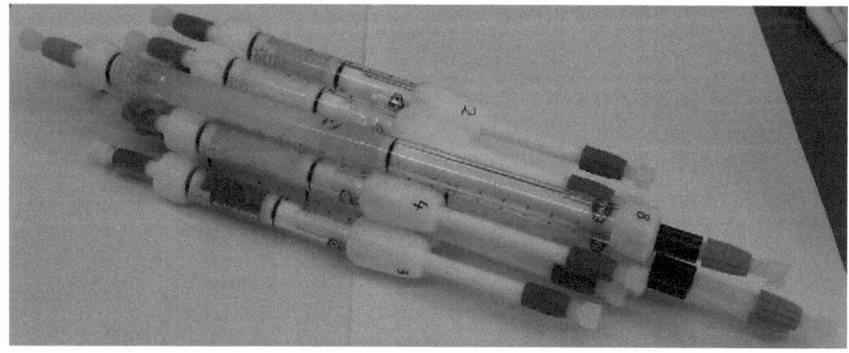

**Abbildung 49:** Foto der Packung aus 8 Säulen, die mittels MRT visualisiert wurden.

Um eine ausreichende Protonendichte im Inneren des Tomographen zu erzeugen, wurde zudem eine Wasserflasche neben die Säulenpackung gelegt.

**Herstellung der Kalibriersäulen**

Zur internen Kalibrierung des MRT-Signals wurden vier Säulen mit je 2 g Si-APTES und 1,8 mL NP-Suspension mit unterschiedlichen Konzentrationen an NP ($Fe_3O_4$-APTES-DCPEG; siehe Tabelle 20) befüllt.

**Tabelle 20:** Kalibriersäulen mit unterschiedlicher Konzentration an NP.

| Säule Nr. | Wasseranteil %(v/v) | Wasseranteil %(w/w) | m(NP) [mg] | m(Fe)/m(Silica-Gel) [mg/g] |
|---|---|---|---|---|
| 0 | 23,7 | 21,4 | 0 | 0 |
| 1 | 16,0 | 13,1 | 0,09 | 0,0099 |
| 2 | 20,0 | 17,2 | 0,9 | 0,099 |
| 3 | 42,4 | 42,4 | 9 | 0,99 |

**Herstellung einfacher Vergleichssäulen**

2 Säulen wurden unten und oben mit je 1 g Glaskugeln befüllt. Dazwischen sollten die Säulen mit einer Schicht aus 2 g Si-APTES (Säule 4) bzw. 2 g Si-APTES-B[a]P (Säule 5) befüllt werden. Säule 5 wurde nicht richtig befüllt, was durch unterschiedliche Füllungshöhen (5,0 cm im vgl. zu 4,4 cm) gezeigt werden konnte. Außerdem waren in Säule 5 große Lufteinschlüsse zu sehen, was eine Auswertung der MRT-Messung unmöglich machte.

**Herstellung von mehrschichtigen Säulen**

2 Säulen wurden unten und oben mit je 1 g Glaskugeln befüllt. Dazwischen wurden die Säulen mit einer Schicht aus 3 g Si-APTES, gefolgt von einer Schicht aus 3 g Si-APTES-B[a]P und erneut einer Schicht aus 3 g Si-APTES gefüllt. Die Säulen 6 und 7 wurden mit Wasser gespült (100 mL; 0,9 mL/min), bevor Ak-gekoppelte NP (10 mL; 0,9 mL/min; 0.176 mg Fe) durch die Säule gepumpt wurden. Anschließend erfolgte ein Waschschritt mit Wasser (100 mL; 0,9 mL/min). Säule 7 wurde anschließend einem weiteren Waschschritt mit Wasser unterzogen (100 mL; 2 mL/min).

Alle wie oben beschriebenen Säulen (0-7), sowie die Säule aus dem NMR-Relaxometrie-Experiment (Säule 8), wurden über Nacht senkrecht in einen Behälter mit entgastem Wasser gestellt, um das Säulenmaterial vollständig mit Wasser zu sättigen. Abschließend wurden sie Luftdicht verschlossen und zu einer Packung verklebt (Abbildung 49).

# TEIL VI

# ABKÜRZUNGSVERZEICHNIS

# 6 ABKÜRZUNGSVERZEICHNIS

| | |
|---|---|
| Abb | Abbildung |
| AF$^4$ | Asymmetrische Fluss-Feldflussfraktionierung |
| AFM | *Atomic force microscopie*, Rasterkraftmikroskopie |
| Ak | Antikörper |
| AkMNP | Antikörper-gekoppelte magnetische Nanopartikel |
| APTES | 3-Aminopropyltriethoxysilan |
| arb.u. | *Arbitrary unit*, willkürliche Einheit |
| ATR | *Attenuated total reflection*, abgeschwächte Totalreflexion |
| B[a]P | Benzo[a]pyren |
| BGI | *Biogeochemical interface*, Biogeochemische Grenzfläche |
| BSA | *Bovine serum albumin*, Rinderserumalbumin |
| BTC | *Break-through curve*, Durchbruchskurve |
| c | *Concentration*, Konzentration |
| CFU | *Colony forming unit*, koloniebildende Einheit |
| CLSM | Konfokale Laserrastermikroskopie |
| CUF | Crossflow-Ultrafiltration |
| μ-CT | Röntgen-Mikro-Computertomographie |
| d | Durchmesser |
| Da | Dalton |
| DALY | *Disease adjusted life years* |
| DCM | Dichlormethan |
| DCPEG | Dicarboxypolyethylenglykol |
| DEUF | Deadend-Ultrafiltration |
| DFG | Deutsche Forschungsgemeinschaft |
| DLS | *Dynamic light scattering*, dynamische Lichtstreuung |
| DTA | Differential-Thermoanalyse |
| EDC | 1-Ethyl-3-(3-dimethylaminopropyl)carbodiimid |
| EDX | Energiedispersive Röntgenspektroskopie |
| ELISA | *Enzyme-linked immunosorbent assay*, enzymgekoppelter Immunadsorptionstest |

| | |
|---|---|
| EPA | *Environmental Protection Agency*, Organisation der Regierung der USA zum Schutz der Umwelt und der menschlichen Gesundheit |
| FT-IR | *Fourier transform infrared spectroscopy*, Fourier-Transformations-Infrarotspektroskopie |
| GOPTS | 3-Glycidyloxypropyltrimethoxysilan |
| GUZS | Gegen Uhrzeigersinn |
| HRP | *Horseradish peroxidase*, Meerrettichperoxidase |
| ICP-MS | *Inductively coupled plasma mass spectroscopy*, induktiv gekoppelte Plasma-Massenspektroskopie |
| I.D. | Innendurchmesser |
| IEP | Isoelektrischer Punkt |
| IMS | Immunomagnetische Separation |
| IWC | Institut für Wasserchemie & Chemische Balneologie und Lehrstuhl für Analytische Chemie |
| K | Kelvin |
| m | Anzahl der Messwerte für einen einzelnen Punkt eines Graphen |
| MAF | Monolithische Affinitätsfiltration |
| mAk | Monoklonaler Antikörper |
| MES | 2-($N$-Morpholino)-ethansulfonsäure |
| MNP | Magnetische Nanopartikel |
| MRI (MRT) | *Magnetic resonance imaging*, Magnetresonanztomographie |
| MTP | Mikrotiterplatte |
| MW | *Molecular weight*, Molekülmasse |
| n | Anzahl der Messpunkte in einem Graphen |
| NHS | $N$-Hydroxysuccinimid |
| NMR | *Nuclear magnetic resonance*, Kernspinresonanzspektroskopie |
| NP | Nanopartikel |
| NTA | *Nanoparticle tracking analysis*, Nanopartikel Tracking Analyse |
| NWG | Nachweisgrenze |
| P | Permeabilität |
| PAK | Polyzyklische aromatische Kohlenwasserstoffe |
| PAT | Photoakustische Tomographie |
| PBS | *Phosphate buffered saline*, Phosphat-Kochsalz-Puffer |

| | |
|---|---|
| PCR | *Polymerase chain reaction*, Polymerase-Kettenreaktion |
| PDI | Polydispersitätsindex |
| PET | Positronen-Emissions-Tomographie |
| PFU | *Plaque-forming unit*, Plaque-bildende Einheit |
| PTFE | Polytetraflourethen |
| qRT-PCR | *Real time polymerase chain reaction*, Echtzeit Polymerase-Kettenreaktion |
| RNA | *Ribonucleic acid*, Ribonukleinsäure |
| ROI | *Region-of-interest*, interessante Fläche |
| RT | Raumtemperatur |
| RW | Rückwärts |
| SEM(44) | *Scanning electron microscopy*, Rasterelektronenmikroskopie |
| SERS | *Surface enhanced Raman spectroscopy*, oberflächenverstärkte Raman-Spektroskopie |
| SIMS | Sekundärionenmassenspektrometrie |
| SQUID | *Superconducting quantum interference device*, Supraleitende Quanteninterferenzeinheit |
| TEM | *Transmission electron microscopy*, Transmissionselektronenmikroskopie |
| TG | Thermogravimetrie |
| Tris/Trizma | Tris(hydroxymethyl)-aminoethan |
| TMB | 3,3´,5,5´-Tetramethylbenzidin |
| TMP | *Transmembrane pressure*, Transmembrandruck |
| U/min | Umdrehungen pro Minute |
| USEPA | *US Environmental Protection Agency* |
| UV | Ultraviolett |
| UZS | Uhrzeigersinn |
| VIS | Visueller/sichtbarer Bereich |
| VFF | *Vortexflow filtration*, Wirbelflussfiltration |
| VW | Vorwärts |
| WHO | *World Health Organisation*, Weltgesundheitsorganisation |

# TEIL VII

# LITERATURVERZEICHNIS

# 7 LITERATURVERZEICHNIS

1. UN 64th General Assembly. **2010**.

2. Schiff, G. M.; Stefanovic, G. M.; Young, E. C.; Sander, D. S.; Pennekamp, J. K.; Ward, R. L. Studies of echovirus-12 in volunteers - Determination of minimal infectious dose and the effect of previous infection on infectious dose. *Journal of Infectious Diseases* **1984**, *150*, 858-866.

3. WHO. Guidelines for drinking water quality, Geneva, Switzerland **2004**.

4. Krauss, S.; Griebler, C. Pathogenic microorganisms and viruses in groundwater. *Acatech Materialien* **2011**, *6*.

5. Polaczyk, A. L.; Narayanan, J.; Cromeans, T. L.; Hahn, D.; Roberts, J. M.; Amburgey, J. E.; Hill, V. R. Ultrafiltration-based techniques for rapid and simultaneous concentration of multiple microbe classes from 100-L tap water samples. *Journal of Microbiological Methods* **2008**, *73*, 92-99.

6. Griffin, D. W.; Donaldson, K. A.; Paul, J. H.; Rose, J. B. Pathogenic human viruses in coastal waters. *Clinical Microbiology Reviews* **2003**, *16*, 129-143.

7. Haas, R., *Konzepte zur Untersuchung von Altlasten*, In: R. Haas - Abfallwirtschaft in Forschung und Praxis **1992**, Erich Schmidt Verlag, Berlin.

8. Haberer, K., *Das Verhalten von Umweltchemikalien in Böden und Grundwasser*, In: K Haberer, U. Böttcher - Zivilschutz-Forschung **1996**, Bundesamt für Zivilschutz, Bonn.

9. Lai, J.-P.; Niessner, R.; Knopp, D. Benzo[a]pyrene imprinted polymers: synthesis, characterization and SPE application in water and coffee samples. *Analytica Chimica Acta* **2004**, *522*, 137-144.

10. http://bundesrecht.juris.de/bundesrecht/bbodschv/gesamt.pdf, Stand: 06.09.2011.

11. Baumann, T.; Werth, C. J.; Niessner, R. Visualisation of colloid transport processes with magnetic resonance imaging and in etched silicon micromodels. *DIAS Report Plant Production* **2002**, *80*, 25-30.

12. Baumann, T.; Werth, C. J. Visualization of colloid transport through heterogeneous porous media using magnetic resonance imaging. *Colloids and Surfaces a-Physicochemical and Engineering Aspects* **2005**, *265*, 2-10.

13. Nestle, N.; Baumann, T.; Wunderlich, A.; Niessner, R. MRI observation of oxygen-supersaturated water transport in a geological matrix. *Magnetic Resonance Imaging* **2003**, *21*, 411-412.

14. Nestle, N.; Baumann, T.; Wunderlich, A.; Niessner, R. MRI observation of heavy metal transport in aquifer matrices down to sub-mg quantities. *Magnetic Resonance Imaging* **2003**, *21*, 345-349.

15. Baumann, T.; Petsch, R.; Fesl, G.; Niessner, R. Flow and diffusion measurements in natural porous media using magnetic resonance imaging. *Journal of Environmental Quality* **2002**, *31*, 470-476.

16. Nestle, N.; Wunderlich, A.; Baumann, T. MRI studies of flow and dislocation of model NAPL in saturated and unsaturated sediments. *European Journal of Soil Science* **2008**, *59*, 559-571.

17. Nestle, N.; Wunderlich, A.; Niessner, R.; Baumann, T. Spatial and temporal observations of adsorption and remobilization of heavy metal ions in a sandy aquifer matrix using magnetic resonance imaging. *Environmental Science & Technology* **2003**, *37*, 3972-3977.

18. Olson, M. S.; Ford, R. M.; Smith, J. A.; Fernandez, E. J. Quantification of bacterial chemotaxis in porous media using magnetic resonance imaging. *Environmental Science & Technology* **2004**, *38*, 3864-3870.

19. Bromberg, L.; Raduyk, S.; Hatton, T. A. Functional magnetic nanoparticles for biodefense and biological threat monitoring and surveillance. *Analytical Chemistry* **2009**, *81*, 5637-5645.

20. Son, S. J.; Reichel, J.; He, B.; Schuchman, M.; Lee, S. B. Magnetic nanotubes for magnetic-field-assisted bioseparation, biointeraction, and drug delivery. *Journal of the American Chemical Society* **2005**, *127*, 7316-7317.

21. Zhang, L.-Y.; Gu, H.-C.; Wang, X.-M. Magnetite ferrofluid with high specific absorption rate for application in hyperthermia. *Journal of Magnetism and Magnetic Materials* **2007**, *311*, 228-233.

22. Pappert, G.; Rieger, M.; Niessner, R.; Seidel, M. Immunomagnetic nanoparticle-based sandwich chemiluminescence-ELISA for the enrichment and quantification of *E. coli*. *Microchimica Acta* **2010**, *168*, 1-8.

23. Safarik, I.; Safarikova, M. Use of magnetic techniques for the isolation of cells. *Journal of Chromatography B* **1999**, *722*, 33-53.

24. Zhou, Y.; Zhang, Y. H.; Lau, C. W.; Lu, J. Z. Sequential determination of two proteins by temperature-triggered homogeneous chemiluminescent immunoassay. *Analytical Chemistry* **2006**, *78*, 5920-5924.

25. Fan, A. P.; Lau, C. W.; Lu, J. Z. Magnetic bead-based chemiluminescent metal immunoassay with a colloidal gold label. *Analytical Chemistry* **2005**, *77*, 3238-3242.

26. Brähler, M.; Georgieva, R.; Buske, N.; Muller, A.; Muller, S.; Pinkernelle, J.; Teichgraber, U.; Voigt, A.; Baumler, H. Magnetite-loaded carrier erythrocytes as contrast agents for magnetic resonance imaging. *Nano Letters* **2006**, *6*, 2505-2509.

27. Kaittanis, C.; Naser, S. A.; Perez, J. M. One-step, nanoparticle-mediated bacterial detection with magnetic relaxation. *Nano Letters* **2007**, *7*, 380-383.

28. Kling, C.; Levaditi, C.; Lepine, P. Survival of the virus of acute anterior poliomyelitis in water, and its passage through the intestinal mucosa of monkeys. *Bulletin of the Academy of Medicine [Paris]* **1929**, *102*, 158-169.

29. Melnick, J. L. Poliomyelitis virus in urban sewage in epidemic and in nonepidemic times. *American Journal of Hygiene* **1947**, *45*, 240-253.

30. Neefe, J. R.; Stokes, J. An epidemic of infectious hepatitis apparently due to a water borne agent – epidemiologic observations and transmission experiments in human volunteers. *Journal of the American Medical Association* **1945**, *128*, 1063-1075.

31. Dulbecco, R. Production of plaques in monolayer tissue cultures by single particles of an animal virus. *Proceedings of the National Academy of Sciences of the United States of America* **1952**, *38*, 747-752.

32. Coin, L. History and development of medical surveillance of the water of Paris during the past 60 years. *Revue d'hygiene et de médecine sociale* **1964**, *12*, 191-4.

33. Walter, R., *Viren in Wasser und Boden*, In: R. Walter, - Umweltvirologie **2000**, 266, Springer Verlag, Wien.

34. Sobsey, M. D.; Oglesbee, S. E.; Wait, D. A.; Cuenca, A. I. Detection of hepatitis-A virus (HAV) in drinking-water. *Water Science and Technology* **1985**, *17*, 23-38.

35. Saiki, R. K.; Bugawan, T. L.; Horn, G. T.; Mullis, K. B.; Erlich, H. A. Analysis of enzymatically amplified beta-globin and Hla-Dq-Alpha DNA with allele-specific oligonucleotide probes. *Nature* **1986**, *324*, 163-166.

36. Mullis, K. B.; Johnson, L.; Leath, R. A.; Wennberg, T. J.; Mezei, L. M.; Widunas, J. T. System for automated performance of the polymerase chain reaction. *U.S. Patent 5656493* **1997**.

37. Alexander, L. M.; McCrae, M. A.; Morris, R.; Pike, E. B. Application of PCR to the detection of enteric viruses in water. *Journal of Cellular Biochemistry Supplement* **1989**, 273.

38. Abbaszadegan, M.; Huber, M. S.; Gerba, C. P.; Pepper, I. L. Detection of enteroviruses in groundwater with the polymerase chain-reaction. *Applied and Environmental Microbiology* **1993**, *59*, 1318-1324.

39. Green, D. H.; Lewis, G. D. Enzymatic amplification of enteric viruses from wastewaters. *Water Science and Technology* **1995**, *31*, 329-336.

40. Richards, G. P.; Watson, M. A.; Fankhauser, R. L.; Monroe, S. S. Genogroup I and II noroviruses detected in stool samples by real-time reverse transcription-PCR using highly degenerate universal primers. *Applied and Environmental Microbiology* **2004**, *70*, 7179-7184.

41. McMillan, N. S.; Martin, S. A.; Sobsey, M. D.; Wait, D. A.; Meriwether, R. A.; Maccormack, J. N. Outbreak of pharyngoconjunctival fever at a summer camp - North-Carolina, 1991. *Journal of the American Medical Association* **1992**, *267*, 2867-2868.

42. Amvrosieva, T. V.; Titov, L. P.; Mulders, M.; Hovi, T.; Dyakonova, O. V.; Votyakov, V. I.; Kvacheva, Z. B.; Eremin, V. F.; Sharko, R. M.; Orlova, S. V.; Kazinets, O. N.; Bogush, Z. F. Viral water contamination as the cause of aseptic meningitis outbreak in Belarus. *Central European Journal of Public Health* **2001**, *9*, 154-7.

43. Maunula, L.; Miettinen, I. T.; von Bonsdorff, C. H. Norovirus outbreaks from drinking water. *Emerging Infectious Diseases* **2005**, *11*, 1716-1721.

44. Häfliger, D.; Hübner, P.; Lüthy, J. Outbreak of viral gastroenteritis due to sewage-contaminated drinking water. *International Journal of Food Microbiology* **2000**, *54*, 123-126.

45. RKI. Erkrankungen durch Noroviren in Deutschland in saisonaler Darstellung von 2001 bis 2004. *Epidemiologisches Bulletin* **2004**, *36*, 295-306.

46. http://outbreakdatabase.com/details/maryland-restaurant-tap-water2007/?organism=Norovirus&vehicle=water&year=2007, Stand: **06.09.2011**.

47. Scarcella, C.; Carasi, S.; Cadoria, F.; Macchi, L.; Pavan, A.; Salamana, M.; Alborali, G. L.; Losio, M. M.; Boni, P.; Lavazza, A.; Seyler, T. An outbreak of viral gastroenteritis linked to municipal water supply, Lombardy, Italy, June 2009. *European Communicable Disease Bulletin* **2009**, *14*.

48. Jose Figueras, M.; Borrego, J. J. New perspectives in monitoring drinking water microbial quality. *International Journal of Environmental Research and Public Health* **2010**, *7*, 4179-4202.

49. http://www.dvgw.de/wasser/recht-trinkwasserverordnung/trinkwasserverordnung/, Stand: **06.09.2011**.

50. http://eur-lex.europa.eu/LexUriServ/LexUriServ.do?uri=OJ:L:1998:330:0032:0054:DE:PDF, Stand: **06.09.2011**.

51. Botzenhart, K.; Seidel, M., *Wasservirologie*, In: R. Niessner, - Höll: Wasser **2010**, 412-426, de Gruyter, Berlin.

52. Langlet, J.; Gaboriaud, F.; Gantzer, C. Effects of pH on plaque forming unit counts and aggregation of MS2 bacteriophage. *Journal of Applied Microbiology* **2007**, *103*, 1632-1638.

53. Dowd, S. E.; Pillai, S. D.; Wang, S. Y.; Corapcioglu, M. Y. Delineating the specific influence of virus isoelectric point and size on virus adsorption and transport through sandy soils. *Applied and Environmental Microbiology* **1998**, *64*, 405-410.

54. Jacangelo, J. G.; Adham, S. S.; Laine, J. M. Mechanism of *Cryptosporidium*, *Giardia*, and MS2 virus removal by MF and UF. *Journal American Water Works Association* **1995**, *87*, 107-121.

55. Herath, G.; Yamamoto, K.; Urase, T. Removal of viruses by microfiltration membranes at different solution environments. *Water Science and Technology* **1999**, *40*, 331-338.

56. Dawson, D. J.; Paish, A.; Staffell, L. M.; Seymour, I. J.; Appleton, H. Survival of viruses on fresh produce, using MS2 as a surrogate for norovirus. *Journal of Applied Microbiology* **2005**, *98*, 203-209.

57. Sobsey, M. D.; Hall, R. M.; Hazard, R. L. Comparative reductions of hepatitis-a virus, enteroviruses and coliphage MS2 in miniature soil columns. *Water Science and Technology* **1995**, *31*, 203-209.

58. Grabow, W. O. K. Bacteriophages: update on application as models for viruses in water. *Water SA* **2001**, *27*, 251-268.

59. Wyn-Jones, A. P.; Sellwood, J. Enteric viruses in the aquatic environment. *Journal of Applied Microbiology* **2001**, *91*, 945-962.

60. Block, J. C.; Schwartzbrod, L. *Viruses in water systems detection and identification*, In: J. C. Block, L. Schwartzbrod - Viruses in Water Systems: Detection and Identification **1989**, 104-136, VCH Verlagsgesellschaft Mbh: Weinheim.

61. Wallis, C.; Melnick, J. L. Concentration of viruses on aluminum and calcium salts. *American Journal of Epidemiology* **1967**, *85*, 459-&.

62. Wallis, C.; Melnick, J. L. Concentration of viruses from sewage by adsorption on millipore membranes. *Bulletin of the World Health Organization* **1967**, *36*, 219-&.

63. Wallis, C.; Melnick, J. L. Concentration of enteroviruses on membrane filters. *Journal of Virology* **1967**, *1*, 472-477.

64. Manor, Y.; Handsher, R.; Halmut, T.; Neuman, M.; Bobrov, A.; Rudich, H.; Vonsover, A.; Shulman, L.; Kew, O.; Mendelson, E. Detection of poliovirus circulation by environmental surveillance in the absence of clinical cases in Israel and the Palestinian Authority. *Journal of Clinical Microbiology* **1999**, *37*, 1670-1675.

65. Bosch, A.; Pinto, R. M.; Blanch, A. R.; Jofre, J. T. Detection of human rotavirus in sewage through 2 concentration procedures. *Water Research* **1988**, *22*, 343-348.

66. Sobsey, M. D.; Jones, B. L. Concentration of poliovirus from tap water using positively charged microporous filters. *Applied and Environmental Microbiology* **1979**, *37*, 588-595.

67. USEPA ICR Microbial Laboratory Manual. *US EPA Office of Research and Development* **1996**.

68. Sobsey, M. D.; Cromeans, T.; Hickey, A. R.; Glass, J. S. Effects of water-quality on microporous filter methods for enteric virus concentration. *Water Science and Technology* **1985**, *17*, 665-679.

69. Ma, J. F.; Naranjo, J.; Gerba, C. P. Evaluation of Mk filters for recovery of enteroviruses from tap water. *Applied and Environmental Microbiology* **1994**, *60*, 1974-1977.

70. Polaczyk, A. L.; Roberts, J. M.; Hill, V. R. Evaluation of 1MDS electropositive microfilters for simultaneous recovery of multiple microbe classes from tap water. *Journal of Microbiological Methods* **2007**, *68*, 260-266.

71. Lambertini, E.; Spencer, S. K.; Bertz, P. D.; Loge, F. J.; Kieke, B. A.; Borchardt, M. A. Concentration of enteroviruses, adenoviruses, and noroviruses from drinking water by use of glass wool filters. *Applied and Environmental Microbiology* **2008**, *74*, 2990-2996.

72. Katayama, H.; Shimasaki, A.; Ohgaki, S. Development of a virus concentration method and its application to detection of enterovirus and Norwalk virus from coastal seawater. *Applied and Environmental Microbiology* **2002**, *68*, 1033-1039.

73. Wyn-Jones, A. P.; Pallin, R.; Dedoussis, C.; Shore, J.; Sellwood, J. The detection of small round-structured viruses in water and environmental materials. *Journal of Virological Methods* **2000**, *87*, 99-107.

74. Smith, E. M.; Gerba, C. P. Development of a method for detection of human rotavirus in water and sewage. *Applied and Environmental Microbiology* **1982**, *43*, 1440-1450.

75. Kiefer, J. Crossflow-Membranfiltration. *Getränkeindustrie* **2006**, *11*, 40-47.

76. Taylor, G. I. Stability of a viscous liquid contained between two rotating cylinders. *Philosophical Transactions of the Royal Society of London Series a* **1923**, *223*, 289-343.

77. Jiang, S. C.; Thurmond, J. M.; Pichard, S. L.; Paul, J. H. Concentration of microbial populations from aquatic environments by vortex flow filtration. *Marine Ecology-Progress Series* **1992**, *80*, 101-107.

78. Paul, J. H.; Jiang, S. C.; Rose, J. B. Concentration of viruses and dissolved DNA from aquatic environments by vortex flow filtration. *Applied and Environmental Microbiology* **1991**, *57*, 2197-2204.

79. Tsai, Y. L.; Sobsey, M. D.; Sangermano, L. R.; Palmer, C. J. Simple method of concentrating enteroviruses and hepatitis-a virus from sewage and ocean water for rapid detection by reverse transcriptase-polymerase chain-reaction. *Applied and Environmental Microbiology* **1993**, *59*, 3488-3491.

80. Tsai, Y. L.; Tran, B.; Sangermano, L. R.; Palmer, C. J. Detection of poliovirus, hepatitis-a virus, and rotavirus from sewage and ocean water by tripler reverse-transcriptase PCR. *Applied and Environmental Microbiology* **1994**, *60*, 2400-2407.

81. Donaldson, K. A.; Griffin, D. W.; Paul, J. H. Detection, quantitation and identification of enteroviruses from surface waters and sponge tissue from the Florida Keys using real-time RT-PCR. *Water Research* **2002**, *36*, 2505-2514.

82. Ripperger, S. Calculation of cross-flow filtration. *Chemie Ingenieur Technik* **1993**, *65*, 533-540.

83. Ripperger, S.; Grein, T. Filtration method with membrane and their modelling. *Chemie Ingenieur Technik* **2007**, *79*, 1765-1776.

84. Peskoller, C. Entwicklung eines schnellen und selektiven Anreicherungssystems für Bakterien in Trinkwasser mittels Querstromfiltration und Affinitätschromatographie. Dissertation, TU München, München, 2010.

85. Belfort, G.; Rotem, Y.; Katzenelson, E. Virus concentration using hollow fiber membranes. *Water Research* **1975**, *9*, 79-85.

86. Belfort, G.; Rotem, Y.; Katzenelson, E. Virus concentration using hollow fiber membranes 2. *Water Research* **1976**, *10*, 279-284.

87. Belfort, G.; Rotemborensztajn, Y.; Katzenelson, E. Virus concentration by hollow fiber membranes - where to now. *Progress in Water Technology* **1978**, *10*, 357-364.

88. Jansons, J.; Bucens, M. R. Virus detection in water by ultrafiltration. *Water Research* **1986**, *20*, 1603-1606.

89. Berman, D.; Rohr, M. E.; Safferman, R. S. Concentration of poliovirus in water by molecular filtration. *Applied and Environmental Microbiology* **1980**, *40*, 426-428.

90. Garin, D.; Fuchs, F.; Bartoli, M.; Aymard, M. A new portable virus concentrator for use in the field. *Water Research* **1996**, *30*, 3152-3155.

91. Hill, V. R.; Kahler, A. M.; Jothikumar, N.; Johnson, T. B.; Hahn, D.; Cromeans, T. L. Multistate evaluation of an ultrafiltration-based procedure for simultaneous recovery of enteric microbes in 100-liter tap water samples. *Applied and Environmental Microbiology* **2007**, *73*, 4218-4225.

92. Hill, V. R.; Polaczyk, A. L.; Hahn, D.; Narayanan, J.; Cromeans, T. L.; Roberts, J. M.; Amburgey, J. E. Development of a rapid method for simultaneous recovery of diverse microbes in drinking water by ultrafiltration with sodium polyphosphate and surfactants. *Applied and Environmental Microbiology* **2005**, *71*, 6878-6884.

93. Hill, V. R.; Polaczyk, A. L.; Kahler, A. M.; Cromeans, T. L.; Hahn, D.; Amburgey, J. E. Comparison of hollow-fiber ultrafiltration to the USEPA VIRADEL technique and USEPA method 1623. *Journal of Environmental Quality* **2009**, *38*, 822-825.

94. Smith, C. M.; Hill, V. R. Dead-end hollow-fiber ultrafiltration for recovery of diverse microbes from water. *Applied and Environmental Microbiology* **2009**, *75*, 5284-5289.

95. Knappett, P. S. K.; Layton, A.; McKay, L. D.; Williams, D.; Mailloux, B. J.; Huq, M. R.; Alam, M. J.; Ahmed, K. M.; Akita, Y.; Serre, M. L.; Sayler, G. S.; van Geen, A. Efficacy of hollow-fiber ultrafiltration for microbial sampling in groundwater. *Ground Water* **2011**, *49*, 53-65.

96. Shields, P. A.; Berenfeld, S. A.; Farrah, S. R. Modified membrane-filter procedure for concentration of enteroviruses from tap water. *Applied and Environmental Microbiology* **1985**, *49*, 453-455.

97. Divizia, M.; Santi, A. L.; Pana, A. Ultrafiltration - an efficient 2nd step for hepatitis-a virus and poliovirus concentration. *Journal of Virological Methods* **1989**, *23*, 55-62.

98. John, S. G.; Mendez, C. B.; Deng, L.; Poulos, B.; Kauffman, A. K. M.; Kern, S.; Brum, J.; Polz, M. F.; Boyle, E. A.; Sullivan, M. B. A simple and efficient method for concentration of ocean viruses by chemical flocculation. *Environmental Microbiology Reports* **2011**, *3*, 195-202.

99. Sobsey, M. D.; Wallis, C.; Melnick, J. L. Development of a simple method for concentrating enteroviruses from oysters. *Applied Microbiology* **1975**, *29*, 21-26.

100. Sobsey, M. D.; Carrick, R. J.; Jensen, H. R. Improved methods for detecting enteric viruses in oysters. *Applied and Environmental Microbiology* **1978**, *36*, 121-128.

101. Katzenelson, E.; Fattal, B.; Hostovesky, T. Organic flocculation - efficient 2nd-step concentration method for detection of viruses in tap water. *Applied and Environmental Microbiology* **1976**, *32*, 638-639.

102. Manwarin, J. F.; Chaudhuri, M; Engelbrecht, R. S. Removal of viruses by coagulation and flocculation. *Journal American Water Works Association* **1971**, *63*, 298-300.

103. Zhu, B. T.; Clifford, D. A.; Chellam, S. Virus removal by iron coagulation-microfiltration. *Water Research* **2005**, *39*, 5153-5161.

104. Johnson, J. H.; Fields, J. E.; Darlington, W. A. Removing viruses from water by polyelectrolytes. *Nature* **1967**, *213*, 665-667.

105. Liu, J.; Wu, Q.; Kou, X. Development of a virus concentration method and its application for the detection of noroviruses in drinking water in China. *Journal of Microbiology* **2007**, *45*, 48-52.

106. Wellings, F. M.; Lewis, A. L.; Mountain, C. W. Demonstration of solids associated virus in wastewater and sludge. *Applied and Environmental Microbiology* **1976**, *31*, 354-358.

107. Vilagines, P.; Suarez, A.; Sarrette, B.; Vilagines, R. Optimisation of the PEG reconcentration procedure for virus detection by cell culture or genomic amplification. *Water Science and Technology* **1997**, *35*, 455-459.

108. Farrah, S. R.; Goyal, S. M.; Gerba, C. P.; Wallis, C.; Melnick, J. L. Concentration of enteroviruses from estuarine water. *Applied and Environmental Microbiology* **1977**, *33*, 1192-1196.

109. Colombet, J.; Robin, A.; Lavie, L.; Bettarel, Y.; Cauchie, H. M.; Sime-Ngando, T. Virioplankton 'pegylation': Use of PEG (polyethylene glycol) to concentrate and purify viruses in pelagic ecosystems. *Journal of Microbiological Methods* **2007**, *71*, 212-219.

110. Pina, S.; Puig, M.; Lucena, F.; Jofre, J.; Girones, R. Viral pollution in the environment and in shellfish: Human adenovirus detection by PCR as an index of human viruses. *Applied and Environmental Microbiology* **1998**, *64*, 3376-3382.

111. Park, Y.; Cho, Y.-H.; Jee, Y.; Ko, G. Immunomagnetic separation combined with real-time reverse transcriptase PCR assays for detection of norovirus in contaminated food. *Applied and Environmental Microbiology* **2008**, *74*, 4226-4230.

112. Yao, L.; Wu, Q.; Wang, D.; Kou, X.; Zhang, J. Development of monoclonal antibody-coated immunomagnetic beads for separation and detection of norovirus (genogroup II) in faecal extract samples. *Letters in Applied Microbiology* **2009**, *49*, 173-178.

113. Uchida, E.; Kogi, M.; Oshizawa, T.; Furuta, B.; Satoh, K.; Iwata, A.; Murata, M.; Hikata, M.; Yamaguchi, T. Optimization of the virus concentration method using polyethyleneimine-conjugated magnetic beads and its application to the detection of human hepatitis A, B and C viruses. *Journal of Virological Methods* **2007**, *143*, 95-103.

114. Grinde, B.; Jonassen, T. O.; Ushijima, H. Sensitive detection of group-a rotaviruses by immunomagnetic separation and reverse transcription-polymerase chain-reaction. *Journal of Virological Methods* **1995**, *55*, 327-338.

115. Boschke, E.; Steingroewer, J.; Bley, T. Application of biomagnetic separation to the microbiological quality control of foods. *Chemie Ingenieur Technik* **2005**, *77*, 912-919.

116. Kramberger, P.; Peterka, M.; Boben, J.; Ravnikar, M.; Strancar, A. Short monolithic columns - A breakthrough in purification and fast quantification of tomato mosaic virus. *Journal of Chromatography A* **2007**, *1144*, 143-149.

117. Kramberger, P.; Petrovic, N.; Strancar, A.; Ravnikar, M. Concentration of plant viruses using monolithic chromatographic supports. *Journal of Virological Methods* **2004**, *120*, 51-57.

118. Peskoller, C.; Niessner, R.; Seidel, M. Development of an epoxy-based monolith used for the affinity capturing of *Eschericha coli* bacteria. *Journal of Chromatography A* **2009**, *1216*, 3794-3801.

119. Ott, S.; Niessner, R.; Seidel, M. Preparation of epoxy-based macroporous monolithic columns for the fast and efficient immunofiltration of *Staphylococcus aureus*. *Journal of Separation Science* **2011**, *34*, 2181-2192.

120. Sobsey, M. D.; Glass, J. S. Poliovirus concentration from tap water with electropositive adsorbent filters. *Applied and Environmental Microbiology* **1980**, *40*, 201-210.

121. Logan, K. B.; Scott, G. E.; Seeley, N. D.; Primrose, S. B. A portable device for the rapid concentration of viruses from large volumes of natural fresh-water. *Journal of Virological Methods* **1981**, *3*, 241-249.

122. Rodriguez, R. A.; Pepper, I. L.; Gerba, C. P. Application of PCR-based methods to assess the infectivity of enteric viruses in environmental samples. *Applied and Environmental Microbiology* **2009**, *75*, 297-307.

123. Gilgen, M.; Wegmuller, B.; Burkhalter, P.; Buhler, H. P.; Muller, U.; Luthy, J.; Candrian, U. Reverse transcription PCR to detect enteroviruses in surface-water. *Applied and Environmental Microbiology* **1995**, *61*, 1226-1231.

124. Grabow, W. O. K.; Puttergill, D. L.; Bosch, A. Plaque-assay for adenovirus type-41 using the Plc/Prf/5 liver-cell line. *Water Science and Technology* **1993**, *27*, 321-327.

125. Morris, R.; Waite, W. M. Evaluation of procedures for recovery of viruses from water II. Detection systems. *Water Research* **1980**, *14*, 795-798.

126. Graff, J.; Ticehurst, J.; Flehmig, B. Detection of hepatitis-a virus in sewage-sludge by antigen capture polymerase chain-reaction. *Applied and Environmental Microbiology* **1993**, *59*, 3165-3170.

127. De Bruin, E.; Duizer, E.; Vennema, H.; Koopmans, M. P. G. Diagnosis of norovirus outbreaks by commercial ELISA or RT-PCR. *Journal of Virological Methods* **2006**, *137*, 259-264.

128. Abad, F. X.; Pinto, R. M.; Bosch, A. Flow cytometry detection of infectious rotaviruses in environmental and clinical samples. *Applied and Environmental Microbiology* **1998**, *64*, 2392-2396.

129. Genthe, B.; Idema, G. K.; Kfir, R.; Grabow, W. O. K. Detection of rotavirus in South-african waters - a comparison of a cytoimmunolabelling technique with commercially available immunoassays. *Water Science and Technology* **1991**, *24*, 241-244.

130. Flowers-Geary, L.; Bleczinski, W.; Harvey, R. G.; Penning, T. M. Cytotoxicity and mutagenicity of polycyclic aromatic hydrocarbon o-quinones produced by dihydrodiol dehydrogenase. *Chemico-Biological Interactions* **1996**, *99*, 55-72.

131. Denissenko, M. F.; Pao, A.; Tang, M. S.; Pfeifer, G. P. Preferential formation of benzo[a]pyrene adducts at lung cancer mutational hotspots in P53. *Science* **1996**, *274*, 430-432.

132. Yakovleva, L.; Handy, C. J.; Yagi, H.; Sayer, J. M.; Jerina, D. M.; Shuman, S. Intercalating polycyclic aromatic hydrocarbon-DNA adducts poison DNA religation by vaccinia topoisomerase and act as roadblocks to digestion by exonuclease III. *Biochemistry* **2006**, *45*, 7644-7653.

133. Halsall, C. J.; Barrie, L. A.; Fellin, P.; Muir, D. C. G.; Billeck, B. N.; Lockhart, L.; Rovinsky, F. Y.; Kononov, E. Y.; Pastukhov, B. Spatial and temporal variation of polycyclic aromatic hydrocarbons in the Arctic atmosphere. *Environmental Science & Technology* **1997**, *31*, 3593-3599.

134. Becker, G.; Colmsjo, A.; Ostman, C. Determination of thiaarenes and polycyclic aromatic hydrocarbons in workplace air of an aluminum reduction plant. *Environmental Science & Technology* **1999**, *33*, 1321-1327.

135. Freeman, D. J.; Cattell, F. C. R. Wood-burning as a source of atmospheric polycyclic aromatic hydrocarbons. *Environmental Science & Technology* **1990**, *24*, 1581-1585.

136. Erickson, D. C.; Loehr, R. C.; Neuhauser, E. F. PAH loss during bioremediation of manufactured-gas plant site soils. *Water Research* **1993**, *27*, 911-919.

137. USEPA. Cost and performance report: land treatment at the Burlington Northern Superfound Site Brainerd/Baxter, Minnesota. **1995**.

138. Jones, K. C.; Stratford, J. A.; Waterhouse, K. S.; Vogt, N. B. Organic contaminants in welsh soils - polynuclear aromatic-hydrocarbons. *Environmental Science & Technology* **1989**, *23*, 540-550.

139. Srogi, K. Monitoring of environmental exposure to polycyclic aromatic hydrocarbons: a review. *Environmental Chemistry Letters* **2007**, *5*, 169-195.

140. Zethner, G. Organische Schadstoffe in Biogasanlagen - Eintrag und Risikopotential. *Alpenländisches Expertenforum* **2004**, *10*, 1-6.

141. Matschulat, D.; Deng, A. P.; Niessner, R.; Knopp, D. Development of a highly sensitive monoclonal antibody based ELISA for detection of benzo[a]pyrene in potable water. *Analyst* **2005**, *130*, 1078-1086.

142. Wilson, S. C.; Jones, K. C. Bioremediation of soil contaminated with polynuclear aromatic hydrocarbons (PAHs) - a review. *Environmental Pollution* **1993**, *81*, 229-249.

143. Juhasz, A. L.; Naidu, R. Bioremediation of high molecular weight polycyclic aromatic hydrocarbons: a review of the microbial degradation of benzo[a]pyrene. *International Biodeterioration & Biodegradation* **2000**, *45*, 57-88.

144. Totsche, K. U.; Rennert, T.; Gerzabek, M. H.; Koegel-Knabner, I.; Smalla, K.; Spiteller, M.; Vogel, H.-J. Biogeochemical interfaces in soil: The interdisciplinary challenge for soil science. *Journal of Plant Nutrition and Soil Science* **2010**, *173*, 88-99.

145. Rodriguez, S. J.; Bishop, P. L. Three-dimensional quantification of soil biofilms using image analysis. *Environmental Engineering Science* **2007**, *24*, 96-103.

146. Bartosch, S.; Mansch, R.; Knotzsch, K.; Bock, E. CTC staining and counting of actively respiring bacteria in natural stone using confocal laser scanning microscopy. *Journal of Microbiological Methods* **2003**, *52*, 75-84.

147. Young, I. M.; Crawford, J. W. Interactions and self-organization in the soil-microbe complex. *Science* **2004**, *304*, 1634-1637.

148. Haisch, C.; Eilert-Zell, K.; Vogel, M. M.; Menzenbach, P.; Niessner, R. Combined optoacoustic/ultrasound system for tomographic absorption measurements: possibilities and limitations. *Analytical and Bioanalytical Chemistry* **2010**, *397*, 1503-1510.

149. Wang, X. D.; Xie, X. Y.; Ku, G. N.; Wang, L. H. V. Noninvasive imaging of hemoglobin concentration and oxygenation in the rat brain using high-resolution photoacoustic tomography. *Journal of Biomedical Optics* **2006**, *11*.

150. Rosencwaig, A. Photoacoustic spectroscopy of biological materials. *Science* **1973**, *181*, 657-658.

151. Esenaliev, R. O.; Larina, I. V.; Larin, K. V.; Deyo, D. J.; Motamedi, M.; Prough, D. S. Optoacoustic technique for noninvasive monitoring of blood oxygenation: a feasibility study. *Applied Optics* **2002**, *41*, 4722-4731.

152. Ermilov, S. A.; Khamapirad, T.; Conjusteau, A.; Leonard, M. H.; Lacewell, R.; Mehta, K.; Miller, T.; Oraevsky, A. A. Laser optoacoustic imaging system for detection of breast cancer. *Journal of Biomedical Optics* **2009**, *14*.

153. Schmid, T.; Panne, U.; Niessner, R.; Haisch, C. Optical absorbance measurements of opaque liquids by pulsed laser photoacoustic spectroscopy. *Analytical Chemistry* **2009**, *81*, 2403-2409.

154. Schmid, T.; Helmbrecht, C.; Panne, U.; Haisch, C.; Niessner, R. Process analysis of biofilms by photoacoustic spectroscopy. *Analytical and Bioanalytical Chemistry* **2003**, *375*, 1124-1129.

155. http://www.ws.chemie.tu-muenchen.de/groups/haisch/techniques0/optoacoustics/, Stand: **25.01.2012**.

156. Rennert, T.; Totsche, K. U.; Heister, K.; Kersten, M.; Thieme, J. Advanced spectroscopic, microscopic, and tomographic characterization techniques to study biogeochemical interfaces in soil. *Journal of Soils Sediments* **2012**, *12*, 3-23.

157. Werth, C. J.; Zhang, C.; Brusseau, M. L.; Oostrom, M.; Baumann, T. A review of non-invasive imaging methods and applications in contaminant hydrogeology research. *Journal of Contaminant Hydrology* **2010**, *113*, 1-24.

158. Al-Raoush, R. I.; Willson, C. S. A pore-scale investigation of a multiphase porous media system. *Journal of Contaminant Hydrology* **2005**, *77*, 67-89.

159. Betson, M.; Barker, J.; Barnes, P.; Atkinson, T.; Jupe, A. Porosity imaging in porous media using synchrotron tomographic techniques. *Transport in Porous Media* **2004**, *57*, 203-214.

160. Nakashima, Y.; Nakano, T.; Nakamura, K.; Uesugi, K.; Tsuchiyama, A.; Ikeda, S. Three-dimensional diffusion of non-sorbing species in porous sandstone: computer simulation based on X-ray microtomography using synchrotron. *Journal of Contaminant Hydrology* **2004**, *74*, 253-264.

161. Schnaar, G.; Brusseau, M. L. Pore-scale characterization of organic immiscible-liquid morphology in natural porous media using synchrotron X-ray microtomography. *Environmental Science & Technology* **2005**, *39*, 8403-8410.

162. Kulenkampff, J.; Gründig, M.; Richter, M.; Enzmann, F. Evaluation of positron emission tomography for visualisation of migration processes in geomaterials. *Physics and Chemistry of the Earth, Parts A/B/C* **2008**, *33*, 937-942.

163. Prebble, R. E.; Currie, J. A. Soil water measurement by a low-resolution nuclear magnetic resonance technique. *Journal of Soil Science* **1970**, *21*, 273-288.

164. Bird, N. R. A.; Preston, A. R.; Randall, E. W.; Whalley, W. R.; Whitmore, A. P. Measurement of the size distribution of water-filled pores at different matric potentials by stray field nuclear magnetic resonance. *European Journal of Soil Science* **2005**, *56*, 135-143.

165. Van As, H.; van Dusschoten, D. NMR methods for imaging of transport processes in micro-porous systems. *Geoderma* **1997**, *80*, 389-403.

166. Schaumann, G.; Hobley, E.; Hurraß, J.; Rotard, W. H-NMR relaxometry to monitor wetting and swelling kinetics in high-organic matter soils. *Plant and Soil* **2005**, *275*, 1-20.

167. Weishaupt, D.; Köchli, V. D.; Marincek., B., *Wie funktioniert MRI?* **2003**, Springer Verlag GmbH, Heidelberg.

168. Feng, B.; Hong, R. Y.; Wang, L. S.; Guo, L.; Li, H. Z.; Ding, J.; Zheng, Y.; Wei, D. G. Synthesis of $Fe_3O_4$/APTES/PEG diacid functionalized magnetic nanoparticles for MR imaging. *Colloids and Surfaces a-Physicochemical and Engineering Aspects* **2008**, *328*, 52-59.

169. Li, Z.; Wei, L.; Gao, M. Y.; Lei, H. One-pot reaction to synthesize biocompatible magnetite nanoparticles. *Advanced Materials* **2005**, *17*, 1001-1005.

170. Park, J.; An, K. J.; Hwang, Y. S.; Park, J. G.; Noh, H. J.; Kim, J. Y.; Park, J. H.; Hwang, N. M.; Hyeon, T. Ultra-large-scale syntheses of monodisperse nanocrystals. *Nature Materials* **2004**, *3*, 891-895.

171. Meziani, M. J.; Liu, P.; Pathak, P.; Lin, J.; Vajandar, S. K.; Allard, L. F.; Sun, Y. P. Stable suspension of crystalline Fe$_3$O$_4$ nanoparticles from in situ hot-fluid annealing. *Industrial & Engineering Chemistry Research* **2006**, *45*, 1539-1541.

172. Deng, H.; Li, X. L.; Peng, Q.; Wang, X.; Chen, J. P.; Li, Y. D. Monodisperse magnetic single-crystal ferrite microspheres. *Angewandte Chemie-International Edition* **2005**, *44*, 2782-2785.

173. Feldmann, C. Polyol-mediated synthesis of nanoscale functional materials. *Solid State Sciences* **2005**, *7*, 868-873.

174. Lu, A.-H.; Salabas, E. L.; Schueth, F. Magnetic nanoparticles: synthesis, protection, functionalization, and application. *Angewandte Chemie-International Edition* **2007**, *46*, 1222-1244.

175. Suzuki, M.; Shinkai, M.; Kamihira, M.; Kobayashi, T. Preparation and characteristics of magnetite-labeled antibody with the use of poly(ethylene glycol) derivatives. *Biotechnology and Applied Biochemistry* **1995**, *21*, 335-345.

176. Gupta, A. K.; Wells, S. Surface-modified superparamagnetic nanoparticles for drug delivery: Preparation, characterization, and cytotoxicity studies. *IEEE Transactions on Nanobioscience* **2004**, *3*, 66-73.

177. Zhang, S.; Zhang, Y.; Liu, J. W.; Zhang, C. H.; Gu, N.; Li, F. Q. Preparation of anti-sperm protein 17 immunomagnetic nanoparticles for targeting cell. *Journal of Nanoscience and Nanotechnology* **2008**, *8*, 2341-2346.

178. Molday, R. S.; Mackenzie, D. Immunospecific ferromagnetic iron-dextran reagents for the labeling and magnetic separation of cells. *Journal of Immunological Methods* **1982**, *52*, 353-367.

179. Palmacci, S.; Josephson, L. Synthesis of polysaccharide covered superparamagnetic oxide colloids. *U.S. Patent 5262176* **1993**.

180. Shan, G. B.; Xing, J. M.; Luo, M. F.; Liu, H. Z.; Chen, J. Y. Immobilization of *Pseudomonas delafieldii* with magnetic polyvinyl alcohol beads and its application in biodesulfurization. *Biotechnology Letters* **2003**, *25*, 1977-1981.

181. Sahoo, Y.; Pizem, H.; Fried, T.; Golodnitsky, D.; Burstein, L.; Sukenik, C. N.; Markovich, G. Alkyl phosphonate/phosphate coating on magnetite nanoparticles: A comparison with fatty acids. *Langmuir* **2001**, *17*, 7907-7911.

182. del Campo, A.; Sen, T.; Lellouche, J. P.; Bruce, I. J. Multifunctional magnetite and silica-magnetite nanoparticles: Synthesis, surface activation and applications in life sciences. *Journal of Magnetism and Magnetic Materials* **2005**, *293*, 33-40.

183. Herve, K.; Douziech-Eyrolles, L.; Munnier, E.; Cohen-Jonathan, S.; Souce, M.; Marchais, H.; Limelette, P.; Warmont, F.; Saboungi, M. L.; Dubois, P.; Chourpa, I. The development of stable aqueous suspensions of PEGylated SPIONs for biomedical applications. *Nanotechnology* **2008**, *19*, 465608-465615.

184. http://deepblue-marine.de/download/prospekt/WTW/DE_L_11_Turb_104_109_I.pdf, Stand: **05.01.2012**.

185. Choi, H.; Kim, H. S.; Yeom, I. T.; Dionysiou, D. D. Pilot plant study of an ultrafiltration membrane system for drinking water treatment operated in the feed-and-bleed mode. *Desalination* **2005**, *172*, 281-291.

186. http://www.vftv.de/wasser/h2olex/h2olex.htm, Stand: **05.01.2012**.

187. Drosten, C., Persönliche Mitteilung. Bonn, 2011.

188. Peskoller, C.; Niessner, R.; Seidel, M. Cross-flow microfiltration system for rapid enrichment of bacteria in water. *Analytical and Bioanalytical Chemistry* **2009**, *393*, 399-404.

189. Heijnen, M., Persönliche Mitteilung. Greifenberg (Inge GmbH), 2010.

190. Donhauser, S. C.; Niessner, R.; Seidel, M. Sensitive quantification of *Escherichia coli* O157:H7, *Salmonella enterica*, and *Campylobacter jejuni* by combining stopped polymerase chain reaction with chemiluminescence flow-through DNA microarray analysis. *Analytical Chemistry* **2011**, *83*, 3153-3160.

191. Heberer, T.; Feldmann, D.; Reddersen, K.; Altmann, H. J.; Zimmermann, T. Production of drinking water from highly contaminated surface waters: Removal of organic, inorganic and microbial contaminants applying mobile membrane filtration units. *Acta Hydrochimica Et Hydrobiologica* **2002**, *30*, 24-33.

192. Gentilomi, G. A.; Cricca, M.; De Luca, G.; Sacchetti, R.; Zanetti, F. Rapid and sensitive detection of MS2 coliphages in wastewater samples by quantitative reverse transcriptase PCR. *New Microbiologica* **2008**, *31*, 273-280.

193. Rieger, M.; Cervino, C.; Sauceda, J. C.; Niessner, R.; Knopp, D. Efficient hybridoma screening technique using capture antibody based microarrays. *Analytical Chemistry* **2009**, *81*, 2373-2377.

194. Wagner, F. E.; Wagner, U. Mössbauer spectra of clays and ceramics. *Hyperfine Interactions* **2004**, *154*, 35-82.

195. Malloy, A.; Carr, B. Nanoparticle tracking analysis - the Halo (TM) system. *Particle & Particle Systems Characterization* **2006**, *23*, 197-204.

196. Thuenemann, A. F.; Kegel, J.; Polte, J.; Emmerling, F. Superparamagnetic maghemite nanorods: Analysis by coupling field-flow fractionation and small-angle X-ray scattering. *Analytical Chemistry* **2008**, *80*, 5905-5911.

197. Lohrke, J.; Briel, A.; Maeder, K. Characterization of superparamagnetic iron oxide nanoparticles by asymmetrical flow-field-flow-fractionation. *Nanomedicine* **2008**, *3*, 437-452.

198. Mayer, S. Charakterisierung oberflächenfunktionalisierter Magnetit-Nanopartikel (MNP) mittels asymmetrischer Fluss Feld-Fluss Fraktionierung (AF$^4$). Forschungsbericht, TUM, München, 2011.

199. Xu, C. J.; Xu, K. M.; Gu, H. W.; Zheng, R. K.; Liu, H.; Zhang, X. X.; Guo, Z. H.; Xu, B. Dopamine as a robust anchor to immobilize functional molecules on the iron oxide shell of magnetic nanoparticles. *Journal of the American Chemical Society* **2004**, *126*, 9938-9939.

200. Karimi, A.; Denizot, B.; Hindre, F.; Filmon, R.; Greneche, J.-M.; Laurent, S.; Daou, T. J.; Begin-Colin, S.; Le Jeune, J.-J. Effect of chain length and electrical charge on properties of ammonium-bearing bisphosphonate-coated superparamagnetic iron oxide nanoparticles: formulation and physicochemical studies. *Journal of Nanoparticle Research* **2010**, *12*, 1239-1248.

201. Arsalani, N.; Fattahi, H.; Nazarpoor, M. Synthesis and characterization of PVP-functionalized superparamagnetic $Fe_3O_4$ nanoparticles as an MRI contrast agent. *Express Polymer Letters* **2010**, *4*, 329-338.

202. Hancock, W. S.; Battersby, J. E. New micro-test for detection of incomplete coupling reactions in solid-phase peptide-synthesis using 2,4,6-trinitrobenzene-sulphonic acid. *Analytical Biochemistry* **1976**, *71*, 260-264.

203. Costa, J. C. S.; Sant'Ana, A. C.; Corio, P.; Temperini, M. L. A. Chemical analysis of polycyclic aromatic hydrocarbons by surface-enhanced Raman spectroscopy. *Talanta* **2006**, *70*, 1011-1016.

204. Tunega, D.; Gerzabek, M. H.; Haberhauer, G.; Totsche, K. U.; Lischka, H. Model study on sorption of polycyclic aromatic hydrocarbons to goethite. *Journal of Colloid and Interface Science* **2009**, *330*, 244-249.

205. Aquino, A. J. A., Chemical modelling of the sorption of PAH in the presence of humic substances. Persönliche Mitteilung. Dornburg SPP 1315 Jahresversammlung, 2009.

206. Auset, M.; Keller, A. A. Pore-scale processes that control dispersion of colloids in saturated porous media. *Water Resources Research* **2004**, *40*, 3503-3514.

207. Sirivithayapakorn, S.; Keller, A. Transport of colloids in saturated porous media: A pore-scale observation of the size exclusion effect and colloid acceleration. *Water Resources Research* **2003**, *39*, 1109-1120.

208. Hershey, A. D.; Kalmanson, G.; Bronfenbrenner, J. Quantitative methods in the study of the phage-antiphage reaction. *Journal of Immunology* **1943**, *46*, 267-279.

209. Dvorski, S. Etablierung eines Kultivierungsverfahrens zur Quantifizierung und Gewinnung von Bakteriophagen (MS2). Forschungsbericht, TUM, München, 2010.

210. http://www.carlroth.com/media/_de-de/usage/HP58.pdf, Stand: **06.09.2011**.

211. Bradford, M. M. Rapid and sensitive method for quantitation of microgram quantities of protein utilizing principle of protein-dye binding. *Analytical Biochemistry* **1976**, *72*, 248-254.

212. Cass, T.; Ligler, T. S. *Immobilized Biomolecules in Analysis: A practical approach*, **1999**, Oxford University Press, Oxford.

213. Knauer, M.; Ivleva, N. P.; Niessner, R.; Haisch, C. Optimized surface-enhanced Raman scattering (SERS) colloids for the characterization of microorganisms. *Analytical Sciences* **2010**, *26*, 761-766.

214. Toride, N.; Genuchten, M. T. The {CXTFIT} Code for Estimating Transport Parameters from Laboratory or Field Tracer Experiments, Version 2.1; *U.S. Salinity Laboratory of Agriculture, U.S. Departement of Agriculture* **1999**, 137..

215. Team, R. D. C., *R: A Language and Environment for Statistical Computing* **2011**, R Foundation for Statistical Computing, Vienna, Austria.

# i want morebooks!

Buy your books fast and straightforward online - at one of world's fastest growing online book stores! Environmentally sound due to Print-on-Demand technologies.

Buy your books online at
## www.get-morebooks.com

Kaufen Sie Ihre Bücher schnell und unkompliziert online – auf einer der am schnellsten wachsenden Buchhandelsplattformen weltweit! Dank Print-On-Demand umwelt- und ressourcenschonend produziert.

Bücher schneller online kaufen
## www.morebooks.de

VDM Verlagsservicegesellschaft mbH
Heinrich-Böcking-Str. 6-8  Telefon: +49 681 3720 174  info@vdm-vsg.de
D - 66121 Saarbrücken  Telefax: +49 681 3720 1749  www.vdm-vsg.de

Printed by Books on Demand GmbH, Norderstedt / Germany